Lieferung 19 Preis 1 Mark

Gesamtpreis des Werkes gebunden 25 Mark

DIE ZEICHENKUNST

METHODISCHE DARSTELLUNG DES GESAMTEN ZEICHENWESENS

UNTER MITWIRKUNG
VON
A. ANDĚL, LUDWIG HANS FISCHER, M. FÜRST, O. HUPP, A. KULL, KONRAD LANGE, A. MICHOLITSCH, ADOLF MÖLLER, PAUL NAUMANN, F. REISS, A. v. SAINT-GEORGE, KARL STATSMANN, R. TRUNK, J. VONDERLINN UND HERMANN WIRTH

HERAUSGEGEBEN
VON
KARL KIMMICH

ZWEITE
VERBESSERTE UND VERMEHRTE AUFLAGE

MIT 1157 ABBILDUNGEN IM TEXT
UND 60 TAFELN IN FARBEN- UND LICHTDRUCK

23 LIEFERUNGEN à 1 MARK UND 2 EINBANDDECKEN à 1 MARK
KOMPLETT IN 2 ORIGINALLEINENBÄNDEN 25 MARK

LEIPZIG
G. J. GÖSCHEN'SCHE VERLAGSHANDLUNG

Einzelne Lieferungen werden nicht abgegeben
Die Abnahme von Lieferung 1 verpflichtet zum Bezug des ganzen Werkes

Zum tieferen Verständnis für die Erscheinungen des lebenden Körpers ist es nötig, daß der Zeichner sich mit der Anatomie vertraut mache, soweit dieselbe zum Verständnis der äußeren Formen unentbehrlich ist, und daß er durch Vergleiche sowohl am eigenen Körper als an anderen, sowie durch eingehendes Betrachten das im folgenden Gesagte sich zum Bewußtsein bringe. (Literatur: 1. „Anatomie für Künstler" von Dr. A. Froriep; 2. „Wegweiser zum Verständnis der Anatomie" von Prof. C. Schmidt.)

Anatomie.

Allgemeines.

Als stützende Grundlage des menschlichen Körpers dient das Knochengerüst. Dasselbe macht die Gliederung des Körpers in allen Teilen mit und zeichnet ihm die Bahnen der Beweglichkeit vor; so kann es sogar die Illusion des Lebenden hervorrufen, z. B. in Holbeins Totentanz (Fig. 953), obgleich doch die eigentlichen Organe der Bewegung, die Muskeln, fehlen.

Die Knochen, röhrenförmig oder platt, sind durch Nähte oder Knorpel, die beweglichsten durch Gelenkvorrichtungen miteinander verbunden. Da diese Gelenke Art und Umfang der Beweglichkeit bestimmen, so ist ihre Kenntnis für den Zeichner unentbehrlich.

Man unterscheidet: 1. das Scharnier- oder Winkelgelenk (am ausgeprägtesten am Ellbogen und an den Fingern), das nur eine Bewegung um eine Achse zuläßt (Beugung und Streckung) und 2. das mehrachsige Kugel- oder Rotationsgelenk (Schultergelenk, Hüfte), das außer Beugung und Streckung noch Vor- und Rückbewegung (An- und Abziehung) und die Drehung um sich selbst gestattet.

Die eigentlichen Erzeuger der Bewegung unter dem Einfluß der Nerven sind die Muskeln, bestimmt abgegrenzte Fleischkörper (im gewöhnlichen Leben „Fleisch" genannt), welche durch Sehnen am Knochenteil angeheftet sind. Jeder Muskel ist mit seinen beiden Enden an zwei verschiedenen Knochen angeheftet. Die Wirkung des Muskels besteht im Zusammenziehen, Verkürzen seines fleischigen Teils, welcher dabei anschwillt und hart wird. Der ruhende Muskel ist weich und nachgiebig. Durch die Verkürzung des Muskels werden die Skeletteile bewegt oder in bestimmter Stellung erhalten.

Man unterscheidet nach der Gestalt: lange, breite, sägeförmige und ringförmige Muskeln, nach ihrer Lage: Rumpf-, Schultergürtel-, obere und untere Extremitäten- und Kopfmuskeln, nach ihrer Wirkung: Aufheber, Anzieher, Abzieher, Beuger und Strecker.

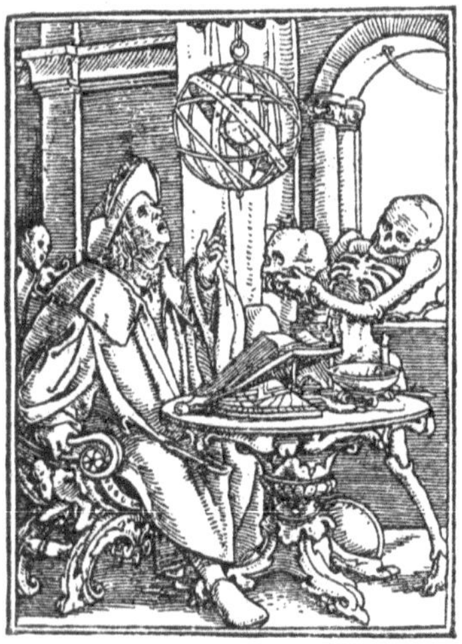
Fig. 953.

In loserem Zusammenhang mit dem Bewegungsapparat der Muskeln stehen die mimischen Bewegungen, die meist unwillkürlich als sichere Verräter menschlicher Gedanken zum Vorschein kommen und die beim Kinde am unverfälschtesten in die Erscheinung treten (Lachen und Weinen).

Wenn wir in dem Gesichtsausdruck eines Menschen dessen Gemütsstimmung ablesen können, so geben wir uns in der Regel keine Rechenschaft darüber, wodurch sich diese mimisch ausdrückt.

Auch treten die mimischen Bewegungen meistens so plötzlich auf, daß ihre Beobachtung, zumal noch durch unser eigenes Mitempfinden beeinträchtigt, sehr schwer ist. Der Künstler aber muß hier die beobachteten Formen festhalten, um sie zum Hervorrufen eines glaubwürdigen Eindrucks verwenden zu können.

Die den ganzen Körper einhüllende Haut besteht aus drei Schichten: 1. der Lederhaut als Trägerin der Blutgefäße, 2. der Oberhaut mit der Schleimschicht (als Trägerin des Farbstoffs, der vom Hellgelb des Europäers bis zum Schwarz des Negers alle Farbabstufungen bedingt) und der undurchsichtigen weißlichen Hornschicht (die sich an den Stellen der Haut bildet, wo beständig ein Druck ausgeübt wird [Schwielen der Hohlhand und der Fußsohle]), 3. der Unterhaut.

Da der Einfluß von Luft, Licht und Wärme sowohl die Blutfülle der Lederhaut als die Bildung des Farbstoffs erhöht, so erklärt sich die dunklere Färbung an den unbekleideten Stellen der Haut (Handrücken, Nacken).

Die Unterhaut, welche die Lederhaut an den Muskeln befestigt, besteht aus feinen Geweben, in denen sich das Fett ablagert. Dieses ist bei fettreicher Ernährung und phlegmatischem Temperament reichlicher als bei magerer Kost und lebhaftem Temperament. Die Fettablagerung ist stärker über Muskelflächen, als da, wo Knochen direkt unter der Haut liegen (Schienbein).

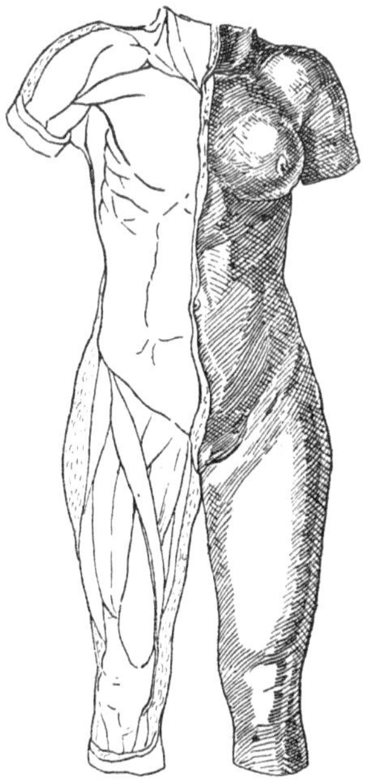

Deshalb kann auch die Gliederung des Körpers selbst bei größter Fettablagerung nicht verhüllt werden. Da die Stellen, an denen die Knochen unmittelbar unter der Haut liegen, gewöhnlich die Beugungsstellen sind, so würde eine größere Fettablagerung sogar die Beweglichkeit des Körpers in Frage stellen. Daraus, daß die Haut an den Beugungsstellen fettarm und bei der Beugung am Gelenk angehaftet bleibt, während die übrige Haut sich wulstartig erhebt, erklären sich die tief einschneidenden Hautfurchen, die bei wohlgenährten Leuten und Kindern, auch bei ausgestreckter Körperhaltung deutlich sichtbar sind (vgl. Fig. 955). Außer den Gelenkfurchen ist die Mittelfurche zu bemerken, die hinten am Rückgrat und vorn von der Brustgegend bis zum Nabel herabläuft.

Die Wahrnehmung der Muskulatur ist abhängig einerseits von der Muskelbildung überhaupt, anderseits von der größeren oder geringeren Fettablagerung, so daß bei einem fettarmen Athleten die Muskeln deutlicher hervortreten, während man bei einem wohlgenährten Schwächling kaum die Hauptabschnitte der Muskulatur zu erkennen vermag.

Beim weiblichen Körper ist die Fettablagerung größer und gleichmäßiger als beim männlichen und bildet ein wesentliches Merkmal des weiblichen Körpers. Außer der Bildung des Skeletts unterscheidet letzteren besonders die größere Fettablagerung an Hüfte und Oberschenkel, so daß diese vorherrschend breit erscheinen. (Vgl. Fig. 954, das Fettpolster durch den gekörnten Grund angedeutet.)

Beim kindlichen Körper ist das Fettpolster auf der ganzen Körperfläche verbreitet. Das erklärt die eigentümliche Formlosigkeit kleiner Kinder, bei denen die Gliederung eigentlich nur an den Gelenkfurchen erkennbar ist (Fig. 955).

Allgemeine Gliederung.

Der menschliche Körper gliedert sich in: Kopf, Rumpf, obere und untere Extremitäten (Arme und Beine).

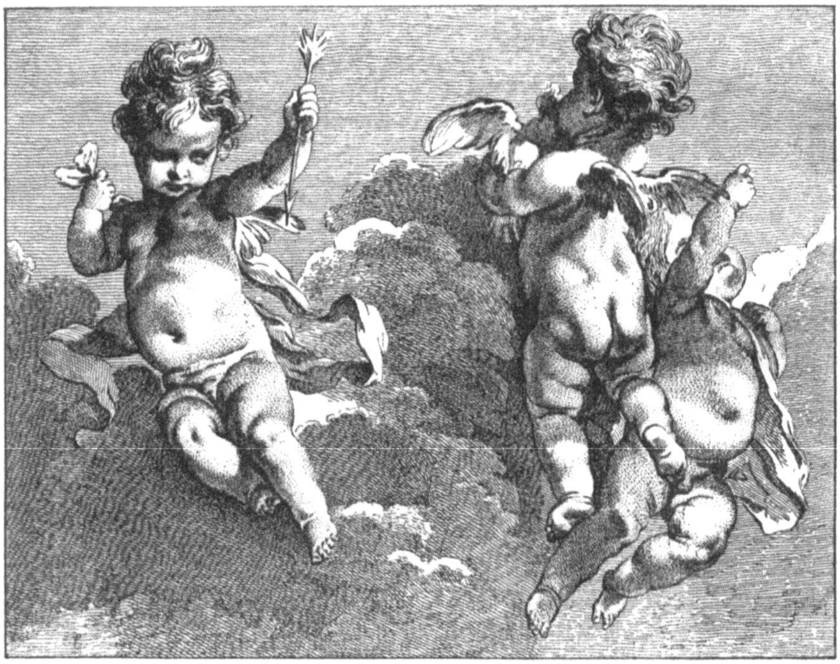

Fig. 955.

An jedem dieser Hauptteile unterscheidet man Unterabteilungen:

am Kopf: Hirnschädel und Gesicht;
am Rumpf: Rücken, Bauch, Brust und Hals;
am Arm: Oberarm, Unterarm und Hand mit fünf Fingern;
am Bein: Oberschenkel, Unterschenkel und Fuß mit fünf Zehen.

Der Kopf.

Skelett. (Fig. 956.)

Der Kopf besteht aus zwei Hauptteilen: 1. Hirnschädel, 2. Gesicht.

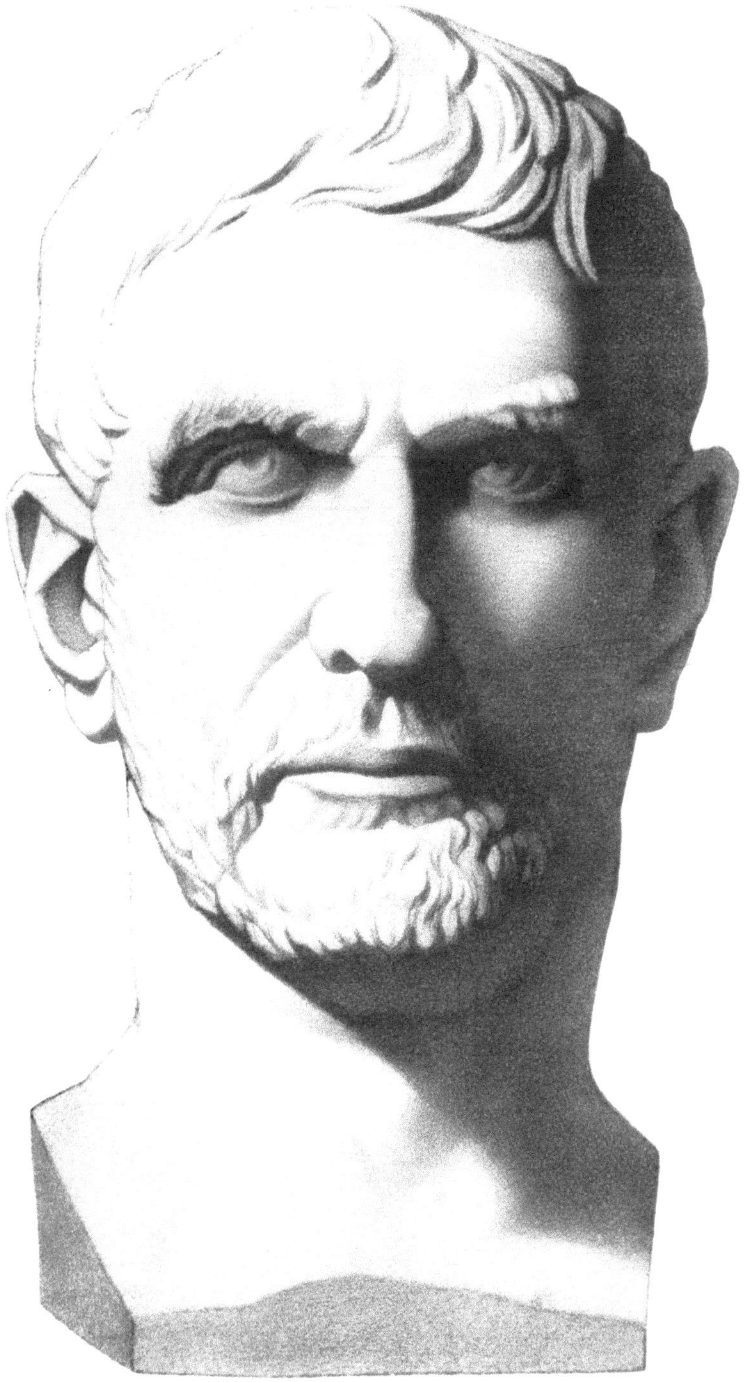

A. Möller: Antiker Kopf nach Gips.

Hirnschädel.

Er besteht aus einer eiförmigen Kapsel, welche zur Aufnahme des Gehirns dient und ist aus einer Anzahl teils paariger, teils unpaariger Knochen zusammengesetzt. Alle diese Knochen sind unbeweglich durch Nähte aneinander gefügt. Die einzelnen Teile des Hirnschädels heißen:

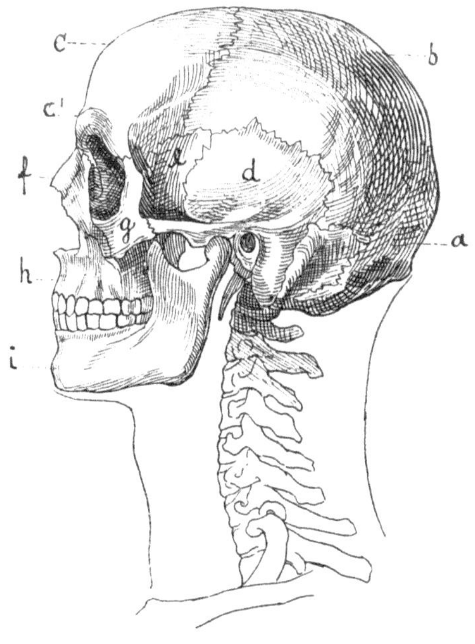

a) Hinterhauptbein;
b) Scheitelbein;
c) Stirnbein (mit Stirnhöcker und Augenbrauenbogen [c']);
d) Schläfenbein (die Seiten des Hirnschädels bildend);
e) Keilbein (zwischen Stirn- und Schläfenbein eingeschoben).

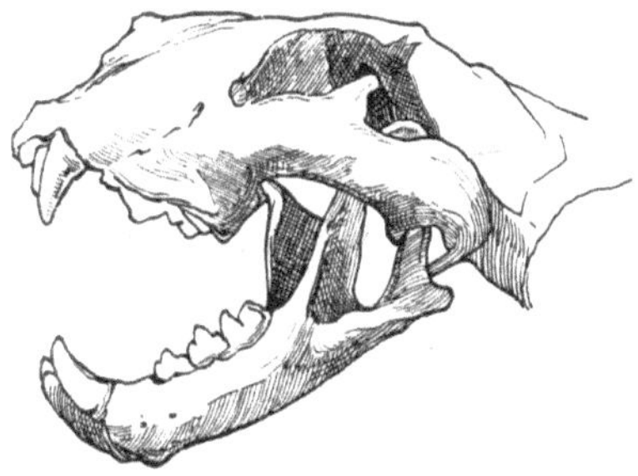

Fig. 957.

Das Gesicht.

Dasselbe besteht aus einem unbeweglichen und einem beweglichen Teil. Ersterer ist mit dem Hirnschädel verwachsen. Der bewegliche Teil besteht aus einem einzelnen Knochen, dem Unterkiefer, der mit dem übrigen Gesichtsschädel durch ein Scharniergelenk verbunden ist. Die einzelnen Teile des Gesichtsschädels heißen:

f) Nasenbein;
g) Jochbein;
h) Oberkieferbein;
i) Unterkiefer;
und die in zwei Reihen stehenden Zähne.

Beim Zeichnen von Tieren mit aufgerissenem Rachen oder Schnabel wird vielfach der Fehler gemacht, sowohl den Unterkiefer nach abwärts, als auch den Oberkiefer nach aufwärts zu reißen. Der Oberkiefer steht fest, nur der Unterkiefer ist nach unten beweglich. (Vgl. Löwenschädel Fig. 957.)

Verhältnis von Gesichts- und Hirnschädel.

Das Verhältnis von Gesichts- und Hirnschädel bietet ein wichtiges Merkmal für den geistigen Ausdruck des Kopfes. Je kleiner das Gesicht, um so größer die Ausbildung des Hirnschädels, also auch des Gehirns. Findet sich dies Verhältnis innerhalb derselben Menschenrasse schon sehr verschieden, so ist der Unterschied zwischen den einzelnen Menschenrassen noch auffallender. Immerhin zeigt selbst der geistig niedrigstehende Mensch eine ver-

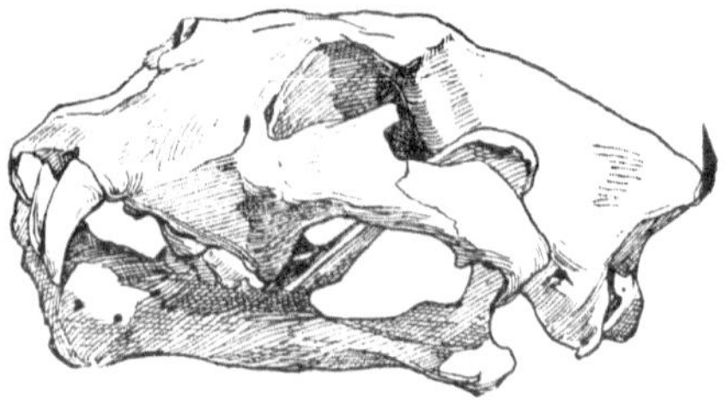

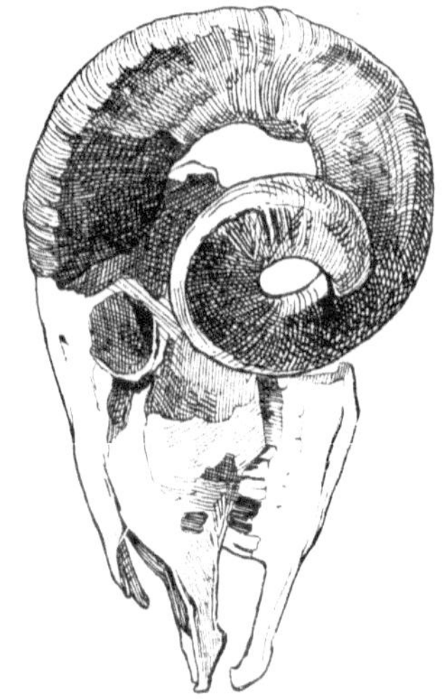

hältnismäßig größere Hirnschädelbildung, als das dem Menschen am nächsten stehende Tier, der Affe. Wie beim Tier besonders das Hervortreten des Jochbeins (Backenknochen), sowie die größere Ausbildung der Kiefern dieses Verhältnis bedingt (vgl. Fig. 957, 958, 959, 960), so verleihen diese Eigenschaften beim Menschen der Kopfform einen tierischen Ausdruck. Damit ist jedoch nicht zu verwechseln das Hervortreten der Backenknochen und der Kaumuskeln, da, wo das Fettpolster der Wange durch Krankheit oder Not aufgezehrt, die Wange infolgedessen eingesunken ist.

Bestimmend für den mehr oder weniger tierähnlichen Gesichtsausdruck ist auch der sogenannte Gesichtswinkel, den eine gedachte

Linie von der Nasenscheidewand durch den Gehörgang, und eine andere von dem vorspringendsten Teil der Stirn bis zum Rande der Schneidezähne bilden (Fig. 961). Je größer der Winkel ist, ein um so größerer Raum ist für das Gehirn da.

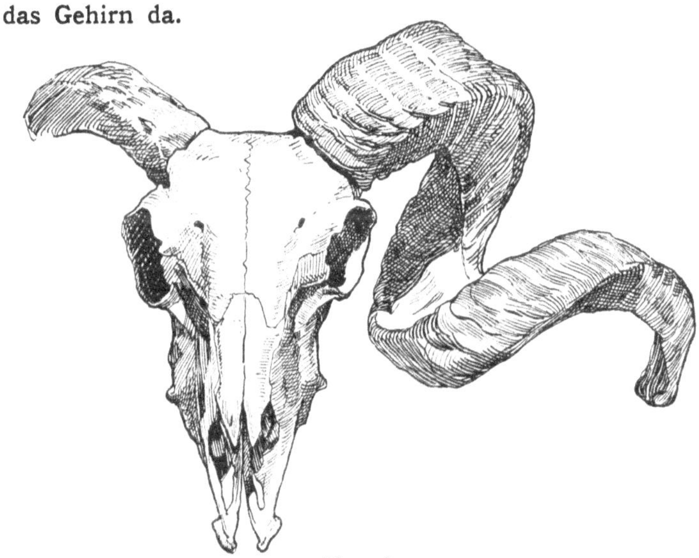

Fig. 960.

Bei menschenähnlichen Affen beträgt der Winkel 40—50°, beim Neger 60—70°, bei proportionierten Menschen unserer Rasse 75—80° (vgl. Fig. 961).

Die griechischen Bildhauer gaben ihren Göttern und Heroen einen Gesichtswinkel von 90—95°, der sich wohl auch bei den alten Griechen in Wirklichkeit nie vorgefunden hat, durch den aber der Eindruck einer außerordentlichen Geistesbildung hervorgerufen wurde. — Ebenso ist die Formbildung des Unterkiefers von Bedeutung. Ein kleiner Gesichtswinkel läßt gleichzeitig das Kinn zurücktreten. Dies ist ein besonderes Merkmal der Negerrasse, bei der die aufgeworfenen Lippen den Eindruck der „Schnauzenform" noch erhöhen.

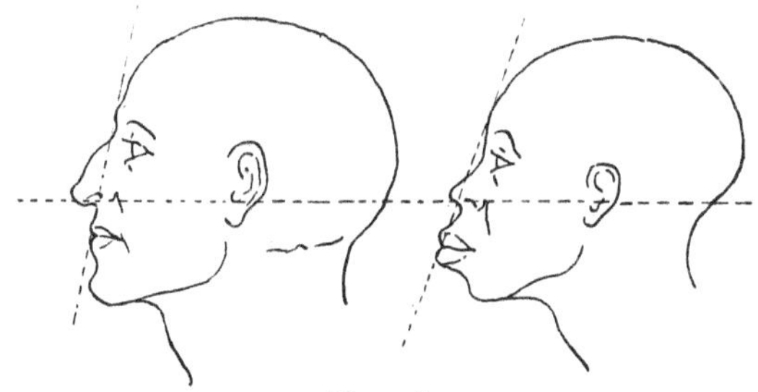

Fig. 961.

Ein vorspringendes Kinn ist ein besonderes Merkmal der menschlichen Kopfform gegenüber der tierischen; selbst beim menschenähnlichen Affen fehlt der Kinnhöcker gänzlich.

Form des Hirnschädels und des Gesichtsschädels.

Die eiförmige Kapselform des Hirnschädels läßt sich nach drei Dimensionen: Breitendurchmesser (wo der Schädel am breitesten ist), Längendurchmesser (von Stirn bis Hinterhaupt) und Höhendurchmesser (von Hinterhaupt bis Scheitel) bestimmen. Das Verhältnis der Breite zur Länge ist durchschnittlich 77—82 : 100 (sog. Mittelschädel). Schädel, welche die äußerste verhältnismäßige Breite von 77 : 100 nicht aufweisen, bezeichnet man gewöhnlich als Langschädel, Schädelformen, die einen Breitenwert von über 82 : 100 aufweisen, als Breitschädel. — Breitschädel sind gewöhnlich niedrig, Langschädel hoch.

Ebenso unterscheidet man nach der Gesichtsbildung: Schmalgesicht und Breitgesicht. Beim Schmalgesicht sind alle Teile des Gesichts hoch und schmal: Oberkiefer, Nase (Adlernase), Backenknochen, die Augenhöhlen sind hoch und abgerundet, die Augen stehen dicht zusammen.

Beim Breitgesicht ist umgekehrt alles breit und kurz: Vortreten der Backenknochen, breiter Oberkiefer, Nase breit und niedrig (Stumpfnase), die Augenhöhlen sind niedrig und eckig, die Augen stehen weit auseinander.

Diese verschiedenen Grundzüge: Mittelschädel, Langschädel und Breitschädel, Schmalgesicht und Breitgesicht, erklären die große Mannigfaltigkeit der verschiedenen Menschentypen.

Die Kopfform des Menschen ist von der Geburt bis zum Greisenalter starken Veränderungen unterworfen.

Charakteristisch für die Kopfform des Kindes ist das mächtige Überwiegen des Hirnschädels über den Gesichtsschädel (Fig. 962, 963, 964). Besonders ist auch zu achten auf die größere Stirnbreite und die flachere Bildung des Schädelbogens. Erst allmählich, unter dem Einfluß der wachsenden Ansprüche (zunächst an die Kauwerkzeuge, später, ungefähr vom 12. Lebensjahr an, auch an die gesamte Körpermuskulatur, die Atmungsorgane [Vergrößerung der Nasenhöhle usw.]) vergrößert sich der Gesichtsschädel (Fig. 965). Während das Verhältnis von Gesicht und Hirnschädel beim Neugeborenen 1 : 8 beträgt, ist es beim zweijährigen Kinde 1 : 6, beim zehnjährigen 1 : 3 und beim erwachsenen

Mann 1 : 2. Das Überwiegen des Gesichtsschädels erfolgt also erst zu einer Zeit, wo die Nackenmuskeln genügend ausgebildet sind, um einem

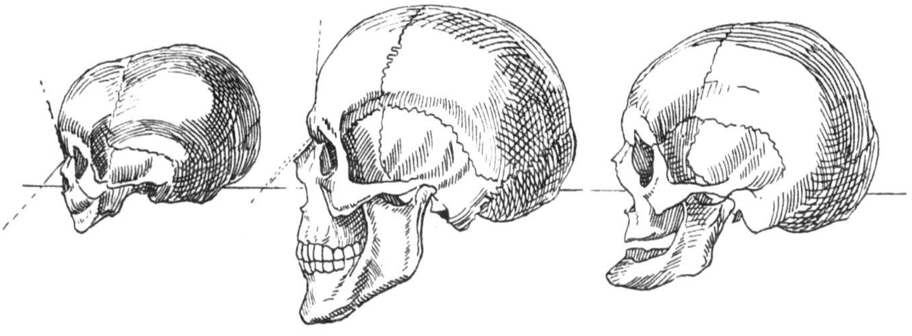

Einknicken nach vorne vorzubeugen. Gleichzeitig tritt eine allmähliche Veränderung des Winkels ein, den Stirn und Nasenrücken zusammen bilden. Die Stirnfläche, die beim Kinde nach vorne über-

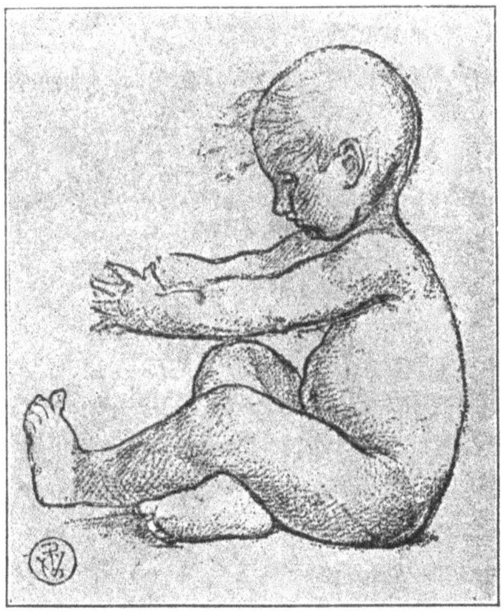

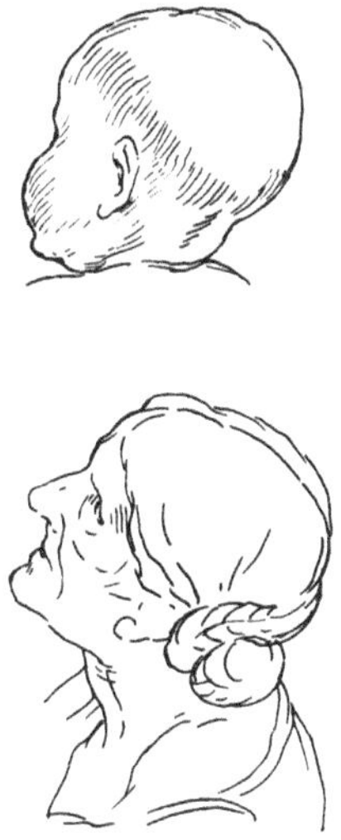

neigt, tritt allmählich zurück und der Winkel vergrößert sich (vgl. Fig. 962 und 965).

Die eigentümliche Stellung des Ober- und Unterkiefers bei alten Leuten erklärt sich durch das im Alter eintretende Ausfallen der Zähne (Fig. 966 und 967).

Ferner ist das allmähliche Vortreten der Augenbrauenbogen von charakteristischer Bedeutung. Beim zehnjährigen Kinde zuerst angedeutet, beim Weibe im allgemeinen nur schwach ausgeprägt, entwickeln sie sich beim Manne im Verhältnis zu seinen Körperkräften sehr stark, was gleichzeitig ein bedeutendes Vortreten der unteren Stirnfläche zur oberen und eine tiefere Einziehung der Nasenwurzel veranlaßt.

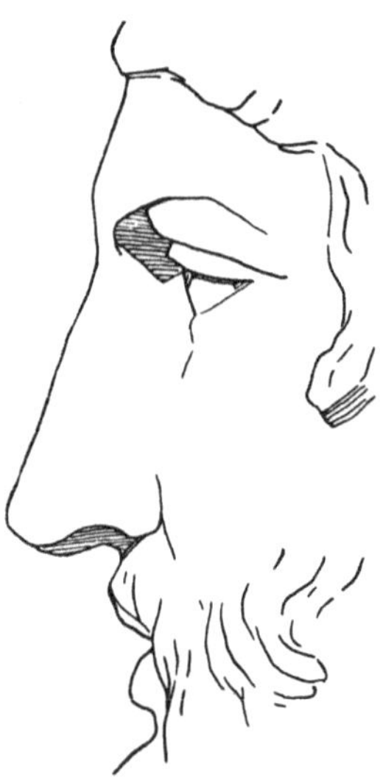

Fig. 968.

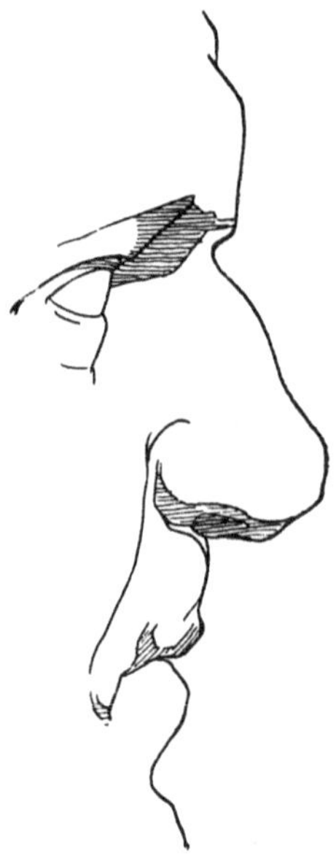

Fig. 969.

Die griechischen Plastiker haben auch darin ein feines Empfinden gezeigt, daß sie bei ihren Göttergestalten Stirn und Nase geradlinig (ohne besonderes Hervortreten des unteren Teils) bildeten (das sog. „griechische Profil“). Es verleiht ihren Gestalten das Zeichen „ewiger Jugendlichkeit“. Trotzdem haben die Künstler auch da, wo sie besondere Körperkraft andeuten wollten, den unteren Teil der Stirn hervortreten lassen (vgl. Fig. 968 und 969).

Die Nase.

Das Skelett der Nase ist oben knöchern, unten knorpelig. Man unterscheidet: Nasenwurzel (am Skelett das Nasenbein), Nasenrücken, seitliche Abdachung, Nasenspitze, Nasenflügel und Nasenlöcher. Die

Muskulatur beschränkt sich auf Erweiterung und Verengerung der Nasenlöcher (beim Schließen müssen die Lippen rüsselartig vorgeschoben werden) und Hebung und Herabziehung der Nasenflügel.

Wie die Form der Nase sowohl ein charakteristisches Merkmal bestimmter Menschenrassen bilden kann (mongolische Rasse: eingedrückter Nasenrücken und die semitische Rasse), wie von der äußeren Form (Adlernase — Stumpfnase) die allgemeine Schönheit eines Gesichts wesentlich abhängen kann, so ist die Nasenform auch vielfach charakteristisch für den geistigen Ausdruck des Gesichts (vgl. Fig. 994; die Benützung dieser Erscheinung aus den Tiertypen im „Reineke Fuchs").

Das Auge.

(Fig. 970.)

In der Augenhöhle liegen Augapfel und Augenmuskeln. Der Augapfel gleicht einer photographischen Kammer in Kugelgestalt. Die ihn umschließende weiße Augenhaut (a) ist undurchsichtig, nur vorne ist ein durchsichtiges Stück eingesetzt, die sogenannte Hornhaut. — Hinter dieser liegt die Iris- oder Regenbogenhaut (b), nach deren verschiedener Färbung die Augen als braune, blaue usw. bezeichnet werden. — Die weiße Augenhaut und die Hornhaut sind spiegelblank, da sie durch die Tränenflüssigkeit naß bleiben. Die Glanzlichter, durch welche die Augen aufleuchten, sind die Spiegelbilder heller Gegenstände auf der Augenoberfläche. Da die Lichtquellen gewöhnlich höher liegen als das Auge, so erscheint das Glanzlicht auf dem oberen Teil des Augapfels.

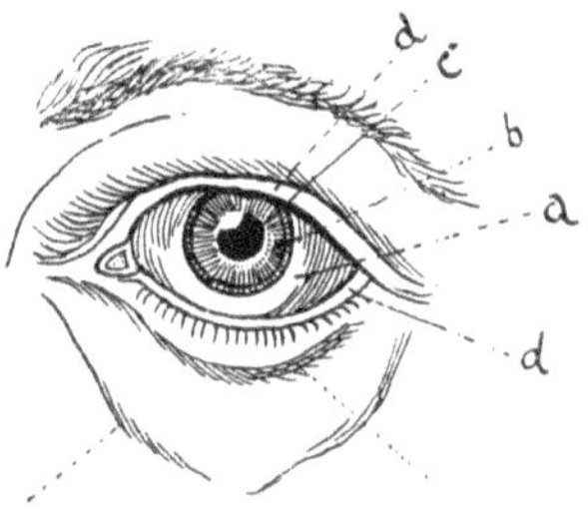

Hautfurche am Rand der Augenhöhle. Hautfurche am Augapfel.

Fig. 970.

Die Regenbogenhaut hat dieselbe Aufgabe, wie die Blende des Photographen: je heller das Licht, desto kleiner muß sie sein. Die Öffnung dieser Blende in den dunklen Innenraum des Auges bildet die Pupille (c). Ganz von selbst erweitert sich die Pupille in der Dunkelheit und verengert sie sich bei starkem Licht. Dem Auge des Beschauers erscheint sie schwarz.

Hinter der Pupille liegt die Linse, welche das Bild des gesehenen Gegenstandes an der hinteren Wand des Augapfels auf der Netzhaut abzeichnet. Die Linie, die mitten durch die Hornhaut, die Pupille, die Linse nach der Netzhaut hindurchgedacht werden kann, nennt man die Sehachse. Die Stelle, wo die Sehachse die Netzhaut trifft, ist die Stelle des schärfsten Sehens. Blickt man einen Gegenstand an, dann müssen die Sehachsen den Gegenstand treffen (fixierender Blick, Fig. 971). Je näher der Gegenstand, um so mehr müssen die Sehachsen zusammenlaufen (konvergieren), ausgeprägt im sinnlichen Blick (Fig. 971). Beim träumerischen Blick gehen die Sehachsen parallel in die Ferne (Fig. 972).

Durch die verschiedene Weise, wie der Blick auf einen Gegenstand geworfen wird, erlangen die Bewegungen des Auges eine charakteristische, mimische Bedeutung.

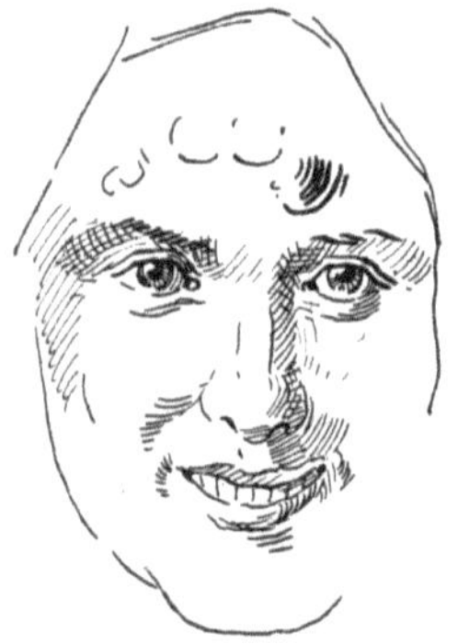

Fig. 971.

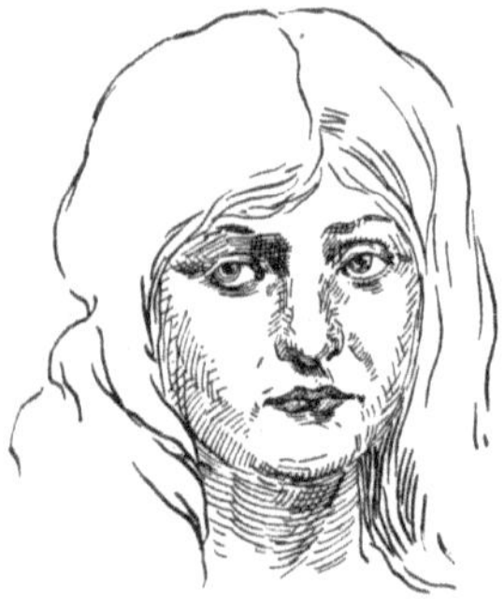

Fig. 972.

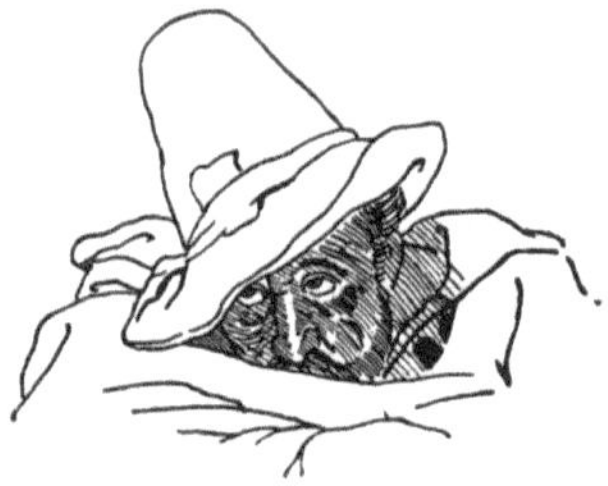

Fig. 973.

In der Regel wird man sowohl die Augen als den Kopf nach dem Gegenstand der Beobachtung hinwenden. Bei einseitiger Bewegung der Augen entsteht der lauernde Blick (Fig. 973), auch der kokette Blick (Fig. 974). Bei gleichzeitiger Bewegung der Augen und des ganzen Körpers nach dem Gegenstand der Aufmerksamkeit wird der Eindruck einer feierlichen völligen Hingabe gemacht, der verklärte, entzückte Blick (vgl. Fig. 975).

Die Augenlider sind Hautfalten, die oberhalb und unterhalb vor den Augapfel treten (Fig. 970d). An ihren Enden bilden sie den äußeren und inneren Augenwinkel.

Der äußere Augenwinkel läuft spitz zu und schließt unmittelbar an den Augapfel; der innere ist durch eine Ausbuchtung, den sogenannten Tränensee, vom Augapfel entfernt.

Das Öffnen und Schließen der Augen entsteht hauptsächlich durch Heben und Senken des oberen Augenlides, welches deshalb auch Augendeckel genannt wird. Während der innere Augenwinkel unbeweglich bleibt, verändert sich der äußere in seiner Lage: beim Öffnen der Augen hebt er sich etwas, beim Schließen fällt er tiefer (Fig. 976).

Die bei verschiedenen Menschen und auch bei demselben Menschen je nach seiner Gemütsstimmung verschiedene Weite des Lidspalts ist von mimischer Bedeutung. Offene Augen sind ein Zeichen geistiger Wachsamkeit, aufgerissene Augen deuten Aufgeregtsein, Erschrecken (Fig. 987), gesenkte Augenlider physische und geistige Schläfrigkeit (auch

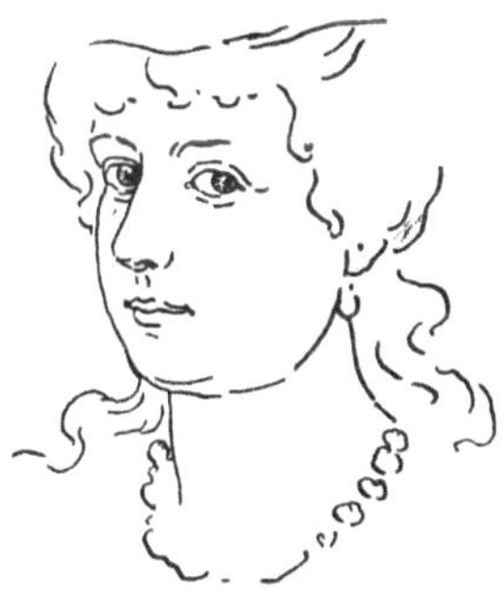

Fig. 974.

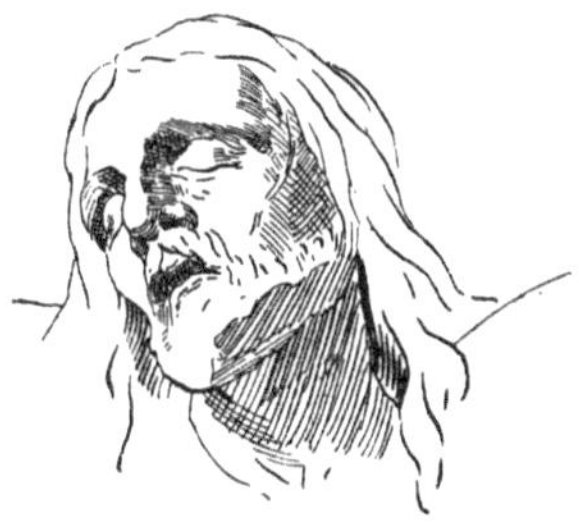

Fig. 976.

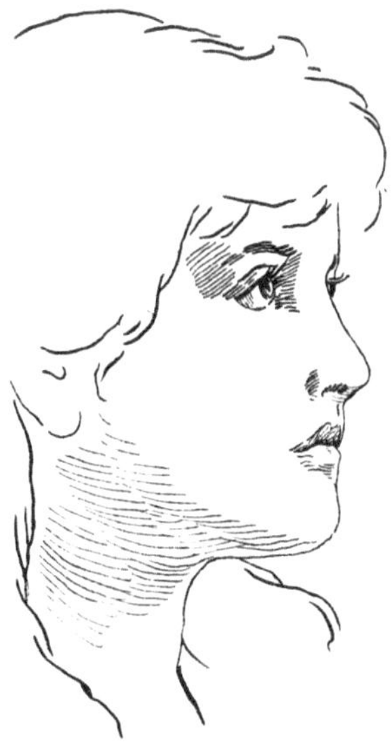

Fig. 975.

Verschämtheit) an. Da die Glanzlichter sich auf dem oberen Teil des Augapfels zeigen, erscheint das müde Auge, weil das gesenkte obere Lid den Teil verdeckt, matt und glanzlos. Umgekehrt erscheint das lebhafte Auge, das lachende Auge glänzend. Der feurige Glanz dunkler Augen erklärt sich daraus, daß das Glanzlicht auf einem dunklen Hintergrunde (der dunklen Regenbogenhaut) sich um so leuchtender abhebt.

Der Mund.

Außer den hauptsächlichen Formen in der Nähe des Mundes: 1. der Nasenlippenfurche, von den Nasenflügeln zu den Mundwinkeln führend, 2. der horizontalen Furche zwischen Kinn und Unterlippe, 3. der kurzen, senkrechten Mittelfurche am Kinn (Grübchen), 4. der Furche, die von der Mitte der Oberlippe zur Nase führt, kommt für uns noch die geschweifte Form des Lippensaumes in Betracht (vgl. Fig. 977). In der Mundhöhle ist bei Hochheben der Zunge zum Gaumen ein vom Zungenbein zum Kinn führender Muskel deutlich sichtbar.

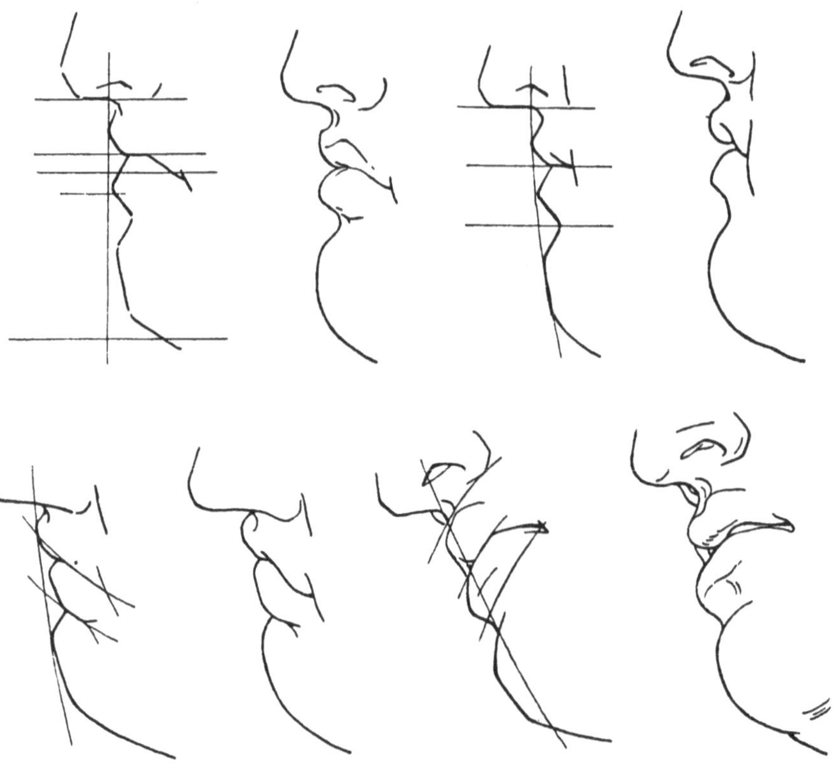

Fig. 977.

An der oberen und unteren Reihe der Zähne unterscheidet man nach der Form der sichtbaren Zahnkronen, von der Mitte angefangen: zwei Schneidezähne (meißelförmig), ein Eckzahn (pfriemförmig), zwei Backenzähne (mit zwei Spitzen) und drei Mahlzähne (mit vier Spitzen).

Diese Zahl, von der Mitte an zu beiden Seiten und am Ober- und Unterkiefer gerechnet, ergibt im ganzen 32 Zähne (bleibendes Gebiß). Bis zum siebenten Lebensjahre trägt der Mensch das Milchgebiß (20 Zähne).

Man beachte die je nach ihrer Funktion besondere Bildung des Tiergebisses (die besondere Entwicklung der Eckzähne beim Raubtier, der Mahlzähne beim Wiederkäuer, der Schneidezähne beim Nagetier usw. (Vgl. auch Fig. 957, 958, 959.)

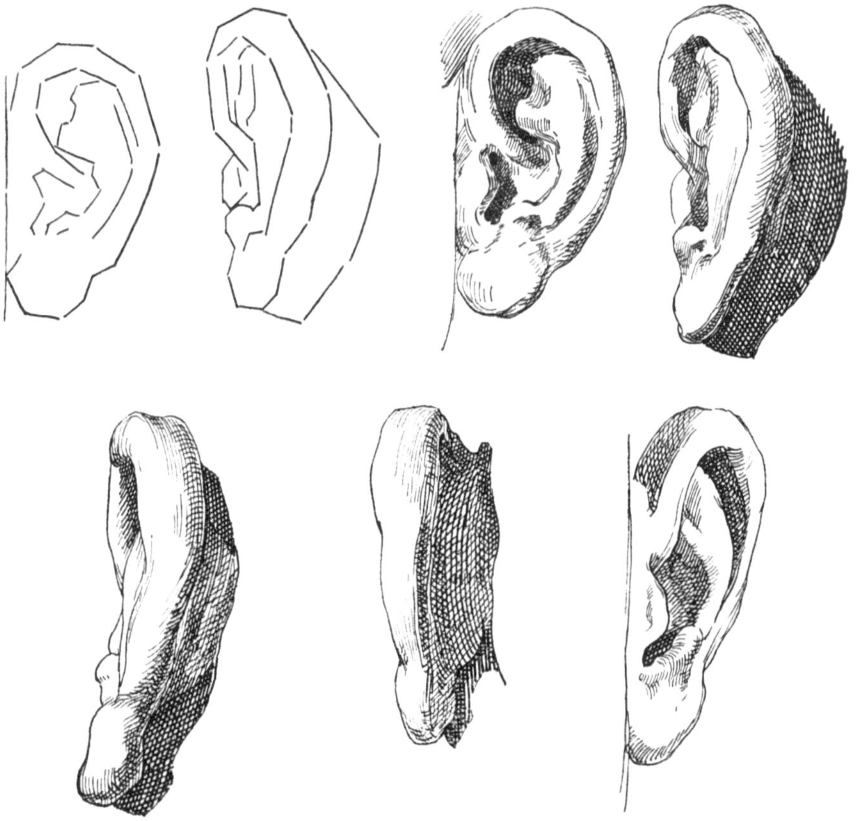

Fig. 978.

Die Ohrmuschel

ist eine durch Knorpel gesteifte muschelförmige Hautmasse, die vorne in die Wange übergeht, dagegen hinten, oben und unten sich frei von der Wange abhebt. Der untere knorpellose Teil wird Ohrläppchen genannt. — Ein schön geformtes Ohr soll nicht zu groß sein und ungefähr in der wagerechten Verlängerung zwischen Nasenspitze und Augenbrauen liegen. (Vgl. Fig. 978 und 979.)

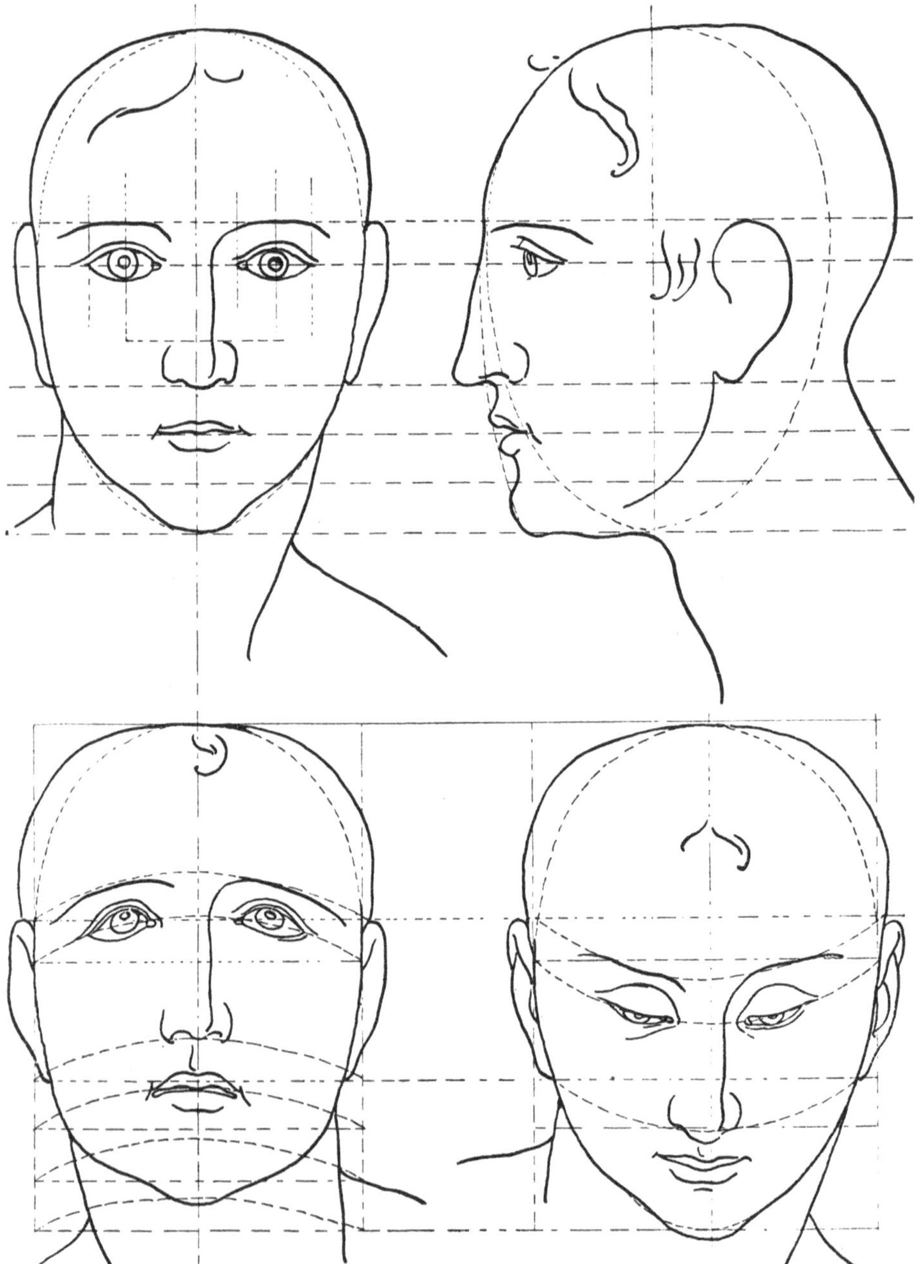

Die Gesichtsmuskeln in bezug auf ihre mimische Wirkung.

Formbildend wie die Muskeln des übrigen Körpers sind die Gesichtsmuskeln nicht. Sie liegen verhüllt, nur ihre Wirkung ist an den Furchen der Haut erkennbar. Bei jugendlichen Personen verschwinden diese Furchen bald wieder nach ihrem Auftreten, bei älteren Leuten bleiben sie infolge der häufig gemachten Wiederholung eingegraben. Deshalb ist das Studium der „Physiognomie" an Köpfen älterer Leute am besten möglich. Im späteren Greisenalter, wo die Haut schlaff und unelastisch wird, gehen die mimischen Furchen in den allgemeinen Hautfalten verloren.

„Physiognomie" ist nichts anderes, als ein festgewordenes Mienenspiel. Für den Zeichner ist das Studium derselben behufs lebens-

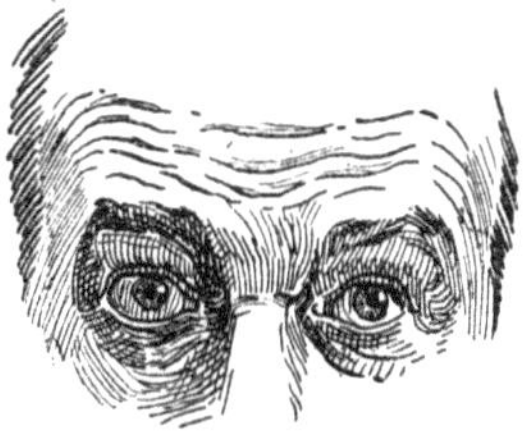

Fig. 980.

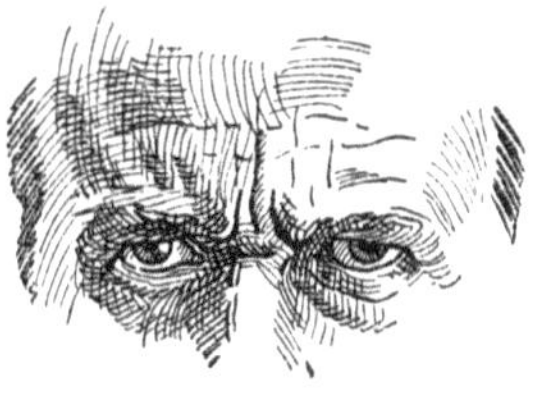

Fig. 981.

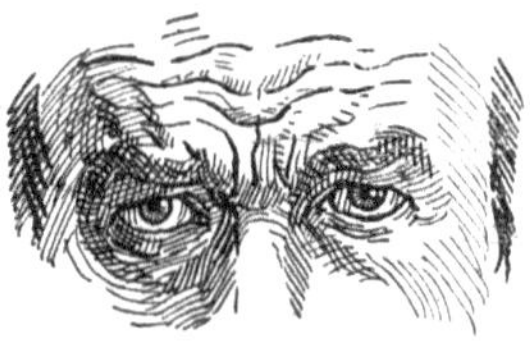

Fig. 982.

wahrer Charakteristik notwendig. Die mimischen Formen zeigen sich außer in den bereits erwähnten verschiedenen Blickbewegungen und dem Heben und Senken der Augenlider: 1. in der Nähe des Auges, 2. um Mund und Nase.

Der Ausdruck der Aufmerksamkeit, des Erstaunens, der durch das Hochheben des oberen Augenlides hervorgerufen wird, wird durch gleichzeitiges Emporziehen der Augenbrauen mit horizontaler Faltenbildung auf der Stirn (Zusammenziehung des Stirnmuskels) noch bedeutend verstärkt (Fig. 980). Dagegen sind emporgezogene Augenbrauen und herabhängendes Lid Zeichen von Trägheit, in erhöhtem Maße sogar von Blödsinn.

Wenn ein Mensch ohne Kopfbedeckung in die blendende Sonne tritt und nicht imstande ist, etwa durch Vorhalten der Hand, sich vor den Lichtstrahlen zu schützen, so zieht er unwillkürlich die Stirn in Falten. Der Augenbrauenrunzler bildet dann durch seine Zusammenziehung ein schützendes Dach über dem Auge, und es entstehen die senkrechten Stirnfalten (Fig. 981).

Wie hier der Widerstand gegen eine körperliche Unannehmlichkeit, so rufen auch ähnliche geistige Ursachen, als: Verstimmung, angestrengtes Nachdenken, Zorn usw. dieselben Stirnfalten hervor. Darwin nennt deshalb den Augenbrauenrunzler auch den „Grammuskel".

Das gleichzeitige Zusammenziehen des Grammuskels und des Stirnmuskels (z. B. bei Schmerz, gepaart mit Entsetzen) verursacht eine Schrägstellung der Augenbrauen, wie wir sie am Kopfe des Laokoon bemerken (vgl. Fig. 982).

Die mimischen Formen um Mund und Nase:

Mund und Nase können ausdrucksvoll werden auch für das seelische Empfinden, indem hierbei dieselben Bewegungen um Mund

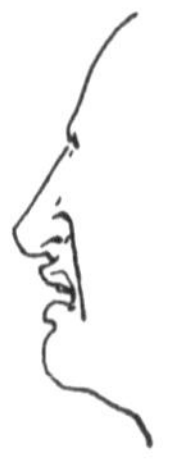

Fig. 983.

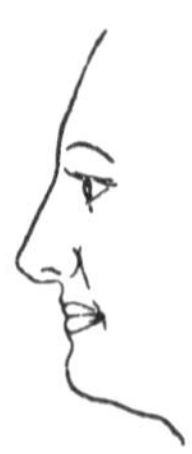

Fig. 984.

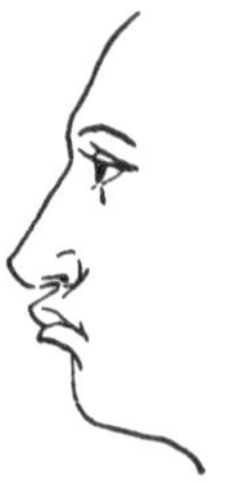

Fig. 985.

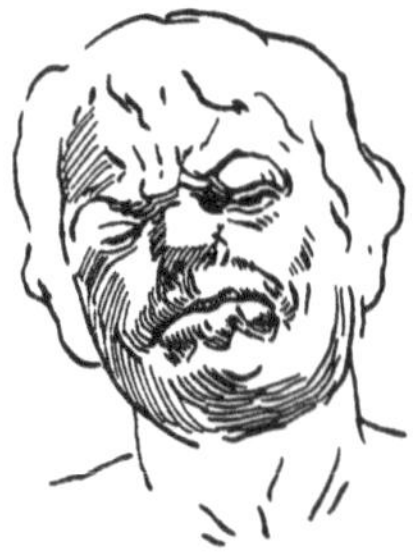

Fig. 986.

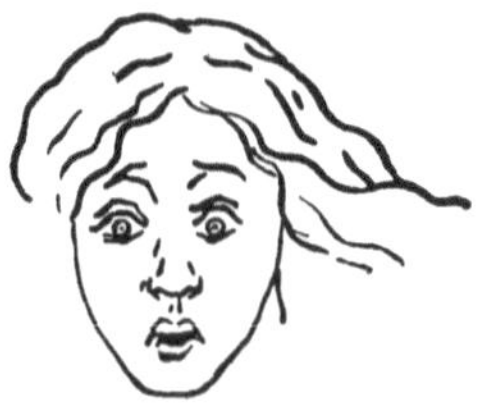

Fig. 987.

und Nase hervorgerufen werden, wie bei ähnlichen Geschmacks- und Geruchsempfindungen (bitterer Schmerz).

Am deutlichsten treten die gleichen Formen hervor bei den Empfindungen von bitter und süß.

Der bittere Zug (Fig. 983). Das Gefühl von etwas Unangenehmem auf der Zunge bedingt die viereckige Öffnung des Mundes, das Abheben der Lippen voneinander. Der mittlere Teil der Oberlippe und die Nasenflügel sind stark nach oben gezogen.

Umgekehrt werden beim süßlichen Zug (Fig. 984), gleichsam, um den süßen Geschmack festzuhalten, die Lippen platt aufeinander gedrückt und der Mund in die Breite gezogen.

Der prüfende Zug (Fig. 985). Wie der Weinkenner beim Prüfen des Weines die Lippen vorschiebt, so beobachtet man einen ähnlichen Vorgang im prüfenden Gesichtsausdruck des Kunstkenners, des Examinators usw. (oft mit dem Eindruck des Wichtigtuns, der Selbstüberhebung).

Der verbissene Zug (Fig. 986). Bei gleichzeitiger Steifhaltung des Nackens werden die Zähne aufeinander gepreßt, der Mund fest geschlossen. Dieser Zug zeigt sich z. B. beim Anziehen zu enger Stiefel, beim Heben einer schweren Last, beim energischen Entschluß, dem Widerstand gegen ein wirkliches oder eingebildetes Hindernis, auch bei Eigensinn oder Verbissenheit.

Meistens drückt sich die Gemütsbewegung gleichzeitig in der Haltung des ganzen Körpers aus. So sind z. B. der offene Mund bei gespannter Aufmerksamkeit (auch bei höchster Verwunderung und Entsetzen) (Fig. 987) und das Rümpfen der Nase bei Verachtung (Fig. 988) nur begleitende mimische Erscheinungen.

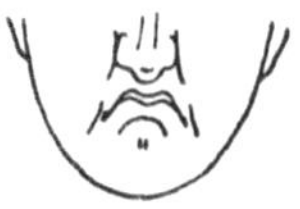

Fig. 988.

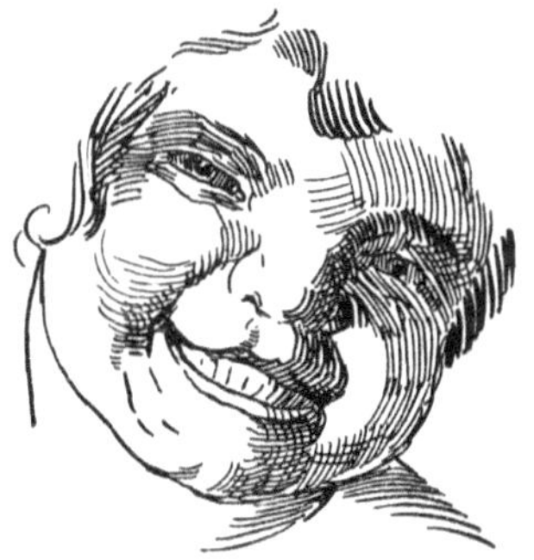

Fig. 989.

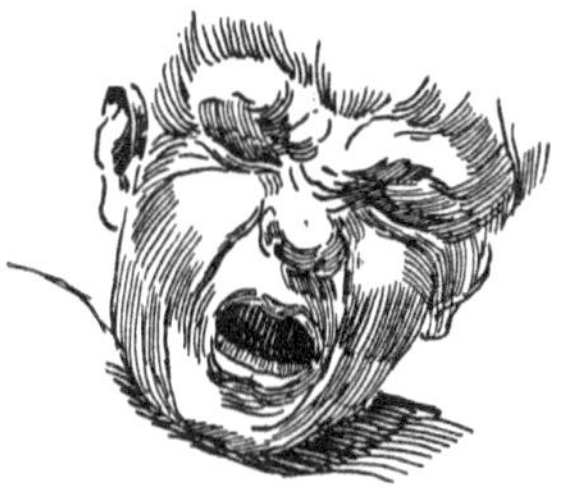

Fig. 990.

Betrachten wir noch die Hauptunterschiede beim Lachen und Weinen. Wir wählen hierfür das Kindergesicht, an dem sich die Erscheinungen am unverfälschtesten zeigen. Beim Erwachsenen treten in der Regel Gemütsbewegungen anderer Natur hinzu, welche das Bild kompliziert gestalten.

Beim Lachen (Fig. 989) geht das Gesicht im allgemeinen in die Breite: die Mundwinkel werden in die Breite und etwas nach oben gezogen; die Lippen sind straff; die Oberzähne werden sichtbar; die Nase verkürzt sich. Die Nasenlippenfurche wird bei starkem Lachen in weitem Bogen nach dem Kinn zu verlängert. Dadurch schiebt sich die Backe in einem dicken Wulst nach dem Auge zu, drängt das untere Augenlid ein wenig nach oben und bildet zugleich eine charakteristische tiefe Furche unter dem unteren Augenlid. Es entstehen die sogenannten „Spinn- oder Krähenfüße“, kleine Hautfältchen, die vom äußeren Augenwinkel fächerartig ausstrahlen. Die Stirn ist glatt.

Beim Weinen (Fig. 990) geht das Gesicht im allgemeinen in die Länge. Die Mundwinkel werden nach unten gezogen, die Unterlippe hängt. Die Oberzähne werden verdeckt, die Unterzähne sichtbar. Die Nase zieht sich in die Länge, an der Stirn bilden sich senkrechte Stirnfalten. (Bei unserem Beispiel deutet das Krausziehen der Nase auf eine begleitende andere Gemütsbewegung, beispielsweise auf Widerwillen.)

Alle diese Erscheinungen in ihrem verschiedenartigen Auftreten und in ihrer wechselvollen Verbindung, z. B. das Lachen aus Selbstgefühl, das Lachen (Verlachen) bei Verachtung, Zorn, das Weinen vor Freude oder Mitleid usw., und die meistens nur durch die gleichzeitigen Bewegungen des ganzen Körpers verständlichen mimischen Erscheinungen bieten dem Künstler zum Studium ein weites Feld.

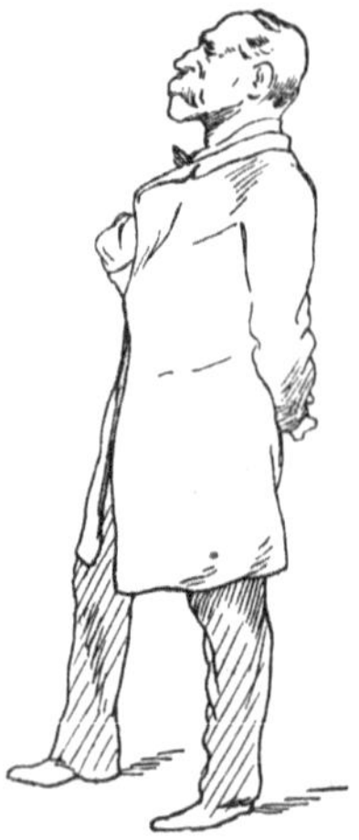

Fig. 991.

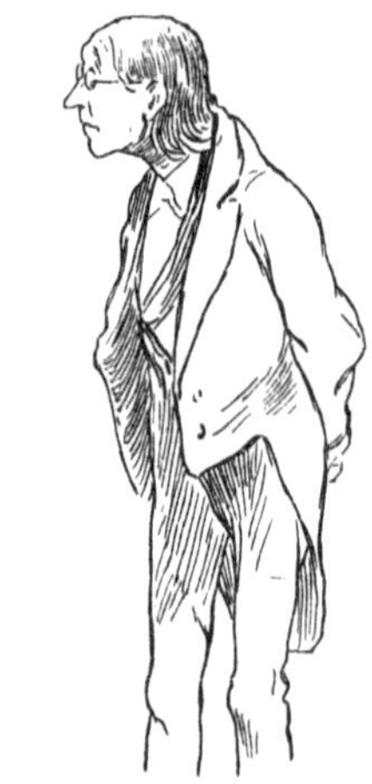

Fig. 992.

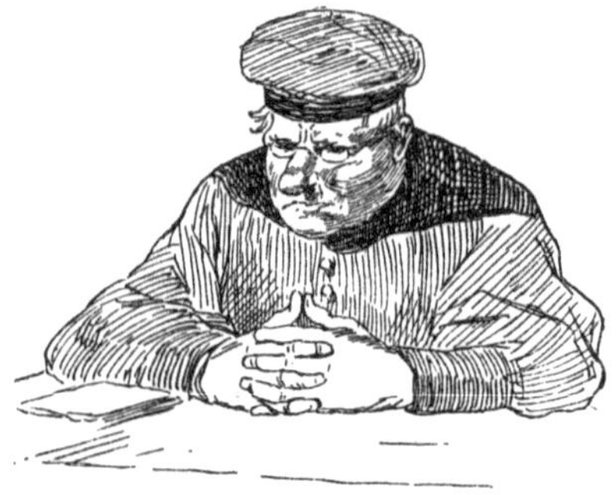

Fig. 993.

Nicht zum wenigsten sind es die Karikaturenzeichner, die durch präzise, wenn auch übertriebene Darstellung es verstehen müssen, das Charakteristische einer Person wiederzugeben.

Man vergleiche nun im folgenden die nach Harburger den „Fliegenden Blättern" entnommenen Beispiele:

Figur 991 zeigt einen Advokaten, der an seinem Jubiläum eine Deputation seiner auf freiem Fuße befindlichen Klienten entgegennimmt. Die in devoter Haltung sich nähernde Schar der Glückwünschenden ist hinzuzudenken. Im Gesicht des Gefeierten deutet das Blinzeln der Augen von oben herab auf die innere Geringschätzung; der Kopf in den Nacken gelegt deutet auf Stolz — er zieht sich von der Gesellschaft innerlich zurück. Der Mund, zusammengepreßt und etwas vorgeschoben, veranschaulicht den Abscheu und zugleich das Prüfen (der Lobrede). Die abwartende und zugleich herausfordernde Stellung des Körpers, das Hineinstecken der rechten Hand in die Brusttasche und die rückwärts ins Kreuz gelegte Linke deuten auf das geschmeichelte Selbstgefühl.

Figur 992 zeigt einen Autor, dessen Einakter ausgepfiffen wird. Die geknickte Stellung der Beine deutet auf den Mangel an Selbstgefühl; das Vorstrecken des Halses und des ganzen Oberkörpers veranschaulicht die zaghafte Neugierde des aus einem ungesehenen Winkel Beobachtenden; die hochgezogenen Augenbrauen und die wagerechten Stirnfalten deuten auf die Verwunderung, die langgezogene Nase auf die gleichzeitige Enttäuschung; die Hände sind zum Zeichen des Abwartens ins Kreuz gelegt.

Figur 993 gibt ein Bild aus dem Gerichtssaal wieder. Der vor dem Richter stehende Angeklagte, der eine interessante, aber nicht zur Sache gehörige Geschichte erzählt, ist hinzuzudenken. Man beachte den Ernst in der Bildung der senkrechten Stirnfalten und dem zusammengepreßten Mund, die Geringschätzung in den zusammengekniffenen Augen, das ungeduldige Abwarten in dem Spielen der Hände. Daß der Richter ein harmloser Gemütsmensch ist, bei dem der Ernst etwas gezwungen erscheint, deutet das wohlgenährte Gesicht an. Auch weist der etwas vorgestreckte Hals auf das innere Interesse und das Wohlbehagen an der Erzählung des Angeklagten.

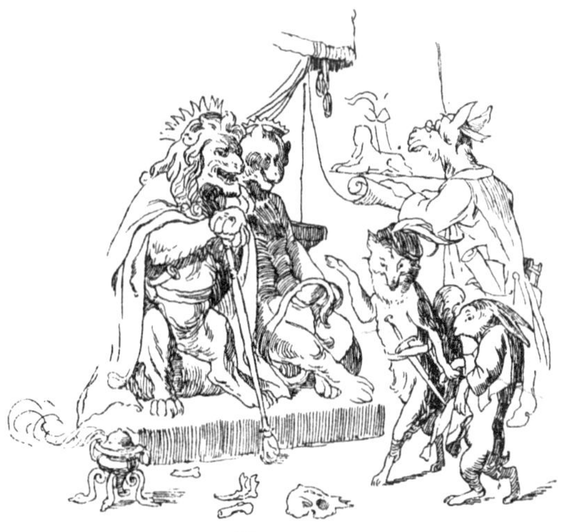

Fig. 994.

Sehr glücklich hat W. v. Kaulbach die menschlichen Physiognomien zur glaubhaften (satirischen) Darstellung in seinen Tierbildern zu „Reineke Fuchs" benutzt (Fig. 994).

Der Rumpf.

Der klaren Übersicht und des Zusammenhangs wegen betrachten wir zunächst die Wirbelsäule und den Hals für sich, darauf die übrige Rumpfbildung zunächst am Skelett, alsdann an der Muskulatur.

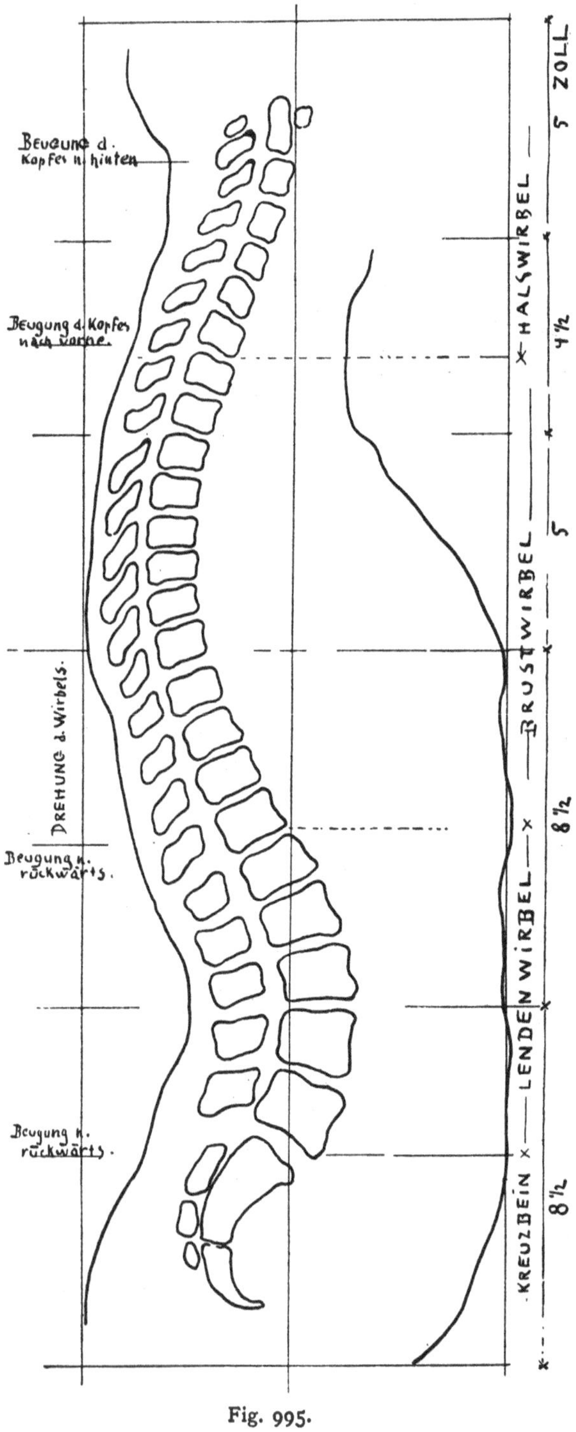
Beugung d. Kopfes n. hinten
Beugung d. Kopfes nach vorne.
Drehung d. Wirbels.
Beugung n. rückwärts.
Beugung n. rückwärts.
5 ZOLL
HALSWIRBEL
4½
5
BRUSTWIRBEL
8½
LENDENWIRBEL
KREUZBEIN
8½

Fig. 995.

Die Wirbelsäule.

(Vgl. das Schema einer solchen Fig. 995.) Das wirkliche Verhältnis der Wirbelsäule zum übrigen Skelett ist aus Figur 1000 zu ersehen.

Die Stütze des Rumpfskeletts und die Grundlage des Knochengerüstes überhaupt ist die Wirbelsäule. Sie zeigt, im Profil betrachtet, eine doppelt S-förmige Krümmung und besteht aus:

a) der beweglichen Wirbelsäule (24 einzelne Wirbelknochen),
b) dem Kreuzbein,
c) dem Steißbein (beim Menschen verkrüppelte, beim Tier zum Schwanz ausgebildete Wirbelkörper).

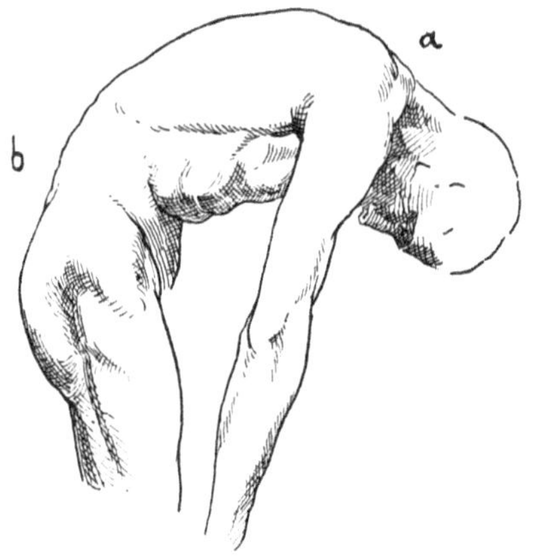

Fig. 996.

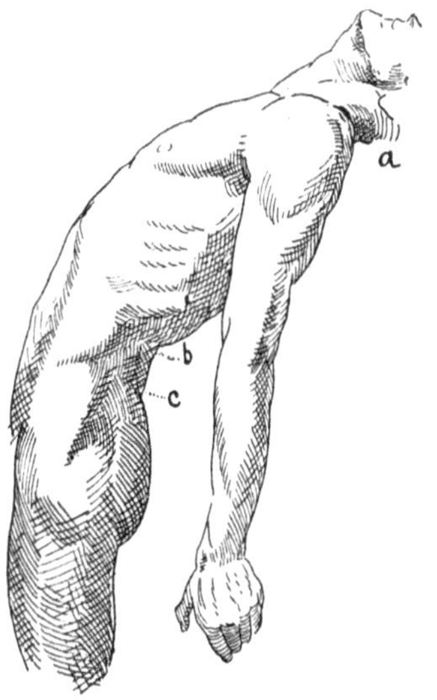

Fig. 997.

Die 24 Wirbel der beweglichen Wirbelsäule werden in drei Gruppen eingeteilt:

a) 7 Halswirbel (die schwächsten),
b) 12 Brustwirbel (die zwölf Rippenpaare tragend),
c) 5 Lendenwirbel (die stärksten und größten, am Kreuzbein anschließend).

Die Form der einzelnen Wirbelteile gestattet eine ungleiche Beweglichkeit der Wirbelsäule; die größte Beweglichkeit liegt in den Hals- und Lendenwirbeln (Schlangenmensch).

Beugung nach vorne fällt zwischen Schulter und Lendenwirbel (Fig. 996a—b).

Beugung nach rückwärts (Fig. 997) fällt in die Halswirbel (bei a), ganz besonders zwischen dem zwölften Brust- und ersten Lendenwirbel (b) und zwischen dem fünften Lendenwirbel und dem Kreuzbein (bei c); der Brustkorb bleibt steif.

Die Drehung der Wirbelsäule erfolgt in den Halswirbeln (Fig. 998 bei a) und zwischen dem achten und zwölften Brustwirbel (bei b—c).

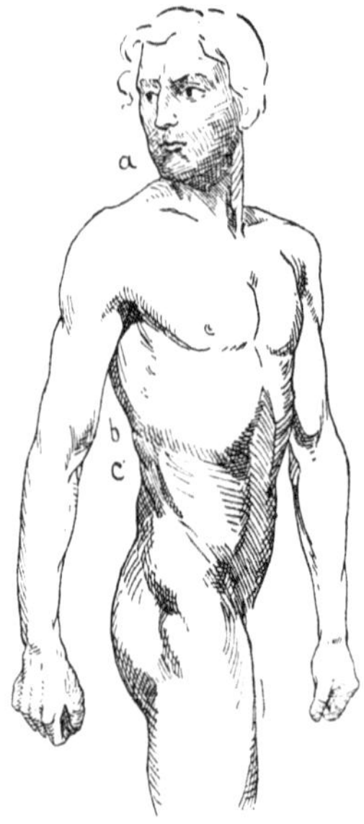

Fig. 998.

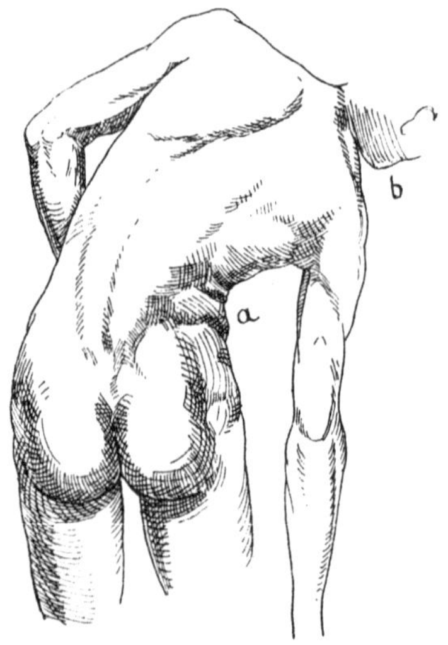

Fig. 999.

Seitwärtsneigung des Oberkörpers nach rechts und links (Fig. 999) wird ganz besonders in den Lendenwirbeln ausgeführt (a). Bei Neigung des Halses nach der Seite findet eine gleichzeitige Drehung des Kopfes in derselben Richtung statt (bei b).

Der Hals.

(Zu genügender Orientierung sind Fig. 1000 und 1001 gleichzeitig zu benutzen.)

Durch die Halswirbel ist der Kopf beweglich mit dem übrigen Körper verbunden.

Besonders zu beachten ist die Formbildung der Halsoberfläche: Der Hals ist unten begrenzt vom Brustbein (Fig. 1000a) und den beiden Schlüsselbeinen (b). Ein starker Muskel, der sogenannte Kopfnicker, läuft vom Hinterkopf schräg nach innen bis zum Brustbein und den Schlüsselbeinen herab (Fig. 1002 bei a). Er teilt dadurch die Halsoberfläche in drei Dreiecke. Im mittleren Dreieck, dessen Spitze nach unten gerichtet ist, liegen Luftröhre und Kehlkopf (in der Profilansicht des

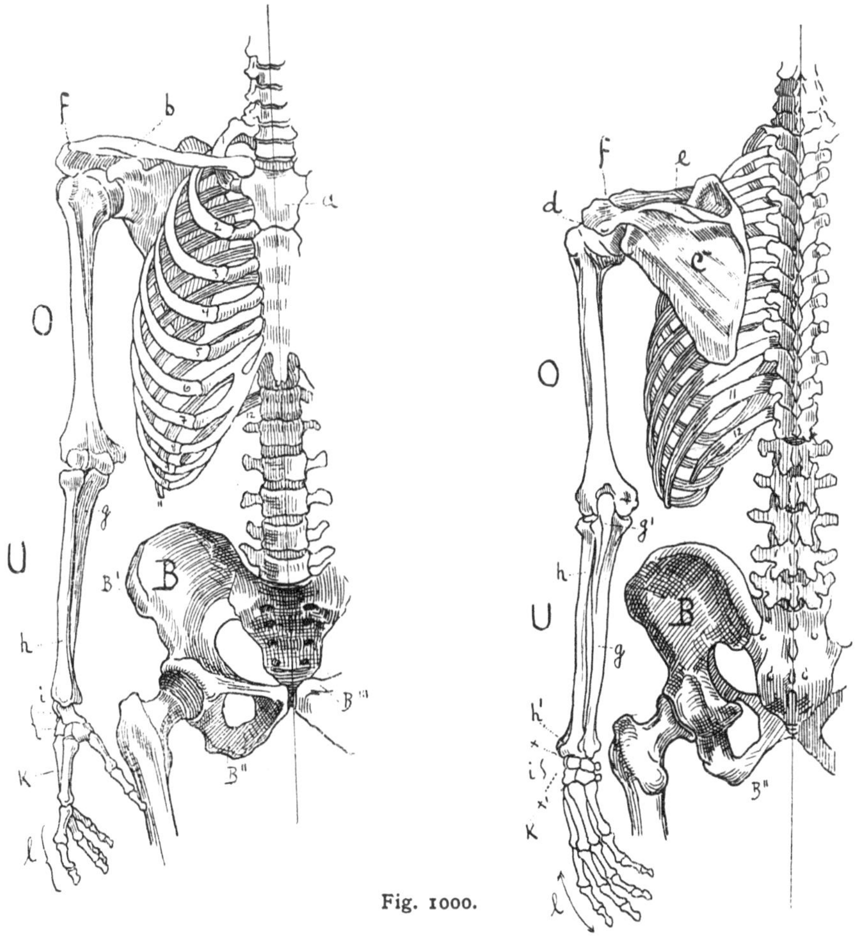

Fig. 1000.

männlichen Kopfes tritt der Vorsprung des Kehlkopfes, der „Adamsapfel", deutlich hervor [Fig. 1002 b]). Zwischen den Ursprüngen des Kopfnickers, über dem Brustbein entsteht die Drosselgrube (Fig. 1002 c). An den beiden seitlichen Halsdreiecken entstehen über den Schlüsselbeinen zwischen Kopfnicker und Kappenmuskel (Fig. 1001[4]) die Oberschlüsselbeingruben (Fig. 1002d), die bei mageren Leuten besonders stark ausgeprägt sind.

An der hinteren Fläche des Halses, dem Nacken, bilden die Nackenmuskeln eine Furche, die in der Gegend des siebenten Halswirbels verläuft (vgl. 1011).

Bei leichter Wendung des Kopfes (beim Blick) nach einer Seite (z. B. linkshin) wird der Kopf unwillkürlich nach der anderen Seite (also rechtshin) geneigt (Fig. 1003), wenn kein besonderer Grund vorliegt (etwa beim lebhaften Gespräch mit einer anderen Person), den Kopf

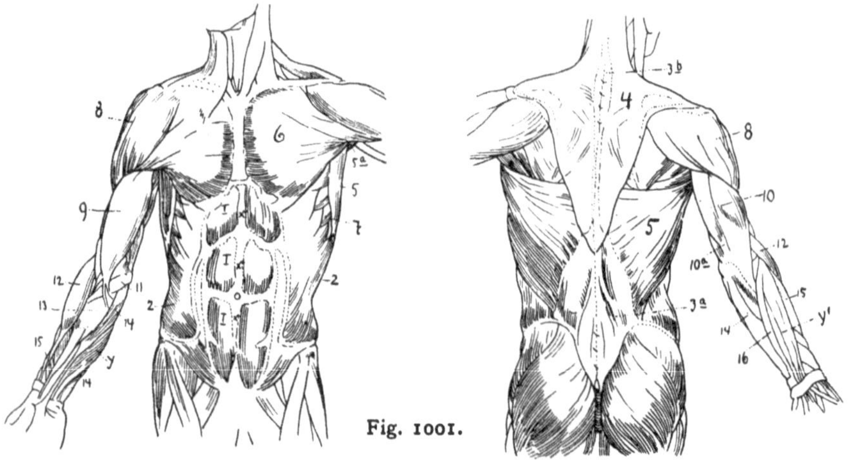

Fig. 1001.

nach der Blickrichtung zu neigen. Bei starker Wendung des Kopfes über die Schultern (Augen rechts! beim Militär) bleibt die Neigung des Kopfes nach derselben Richtung, wodurch oft der Eindruck der Steifheit, auch der Geziertheit gemacht wird (Fig. 1004).

Die übrige Rumpfbildung.

Skelett. (Hierzu Fig. 1000.)

Der Brustkorb.

Der Brustkorb besteht aus zwölf ringförmig gebogenen Rippenpaaren (von den Brustwirbeln der Wirbelsäule ausgehend) und dem einem antiken Schwert ähnlichen Brustbein (a).

Die sieben oberen Rippen sind durch Knorpelmassen direkt mit dem Brustbein verbunden. Man nennt sie „wahre Rippen“.

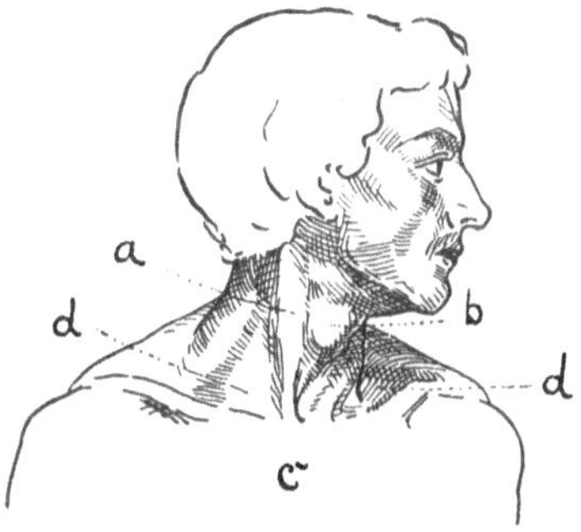

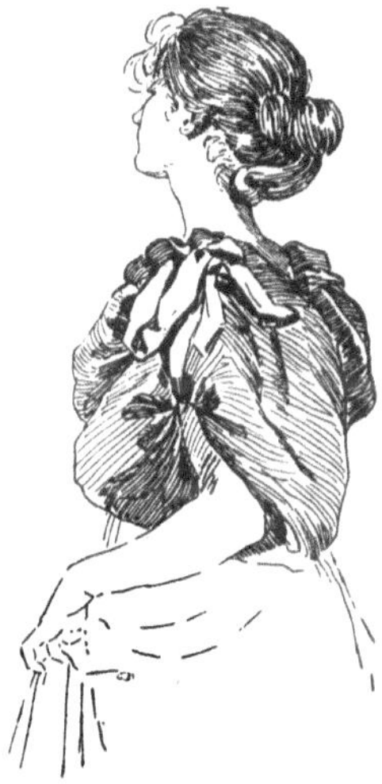

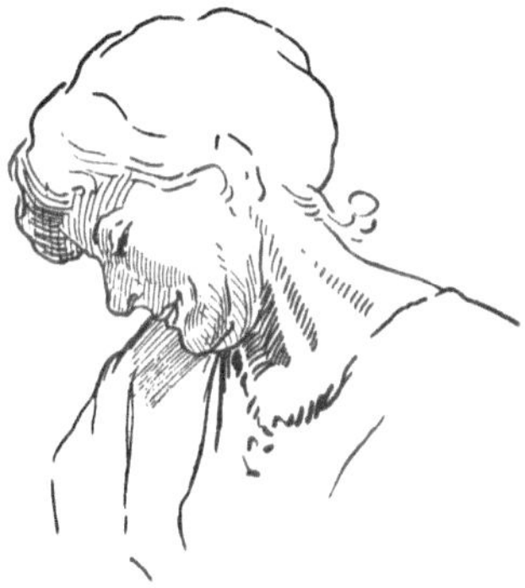

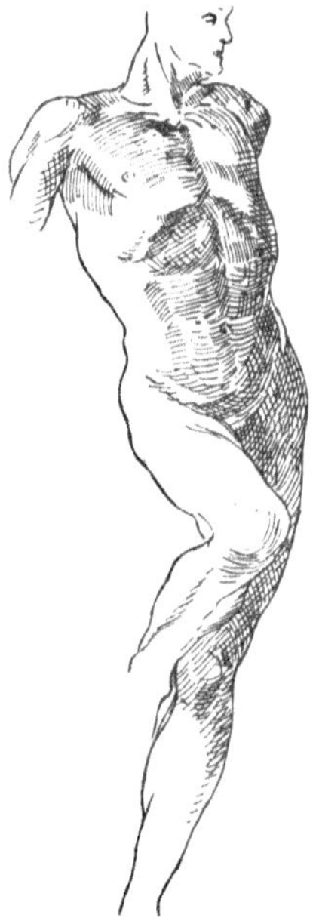

Fig. 1005.

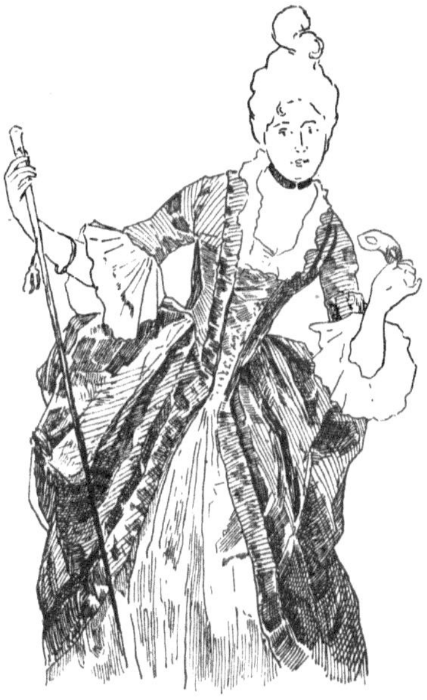

Fig. 1006.

Die Rippen acht, neun und zehn sind mit ihren Knorpelstücken schräg aufwärts an die vorhergehenden sieben angeheftet. Diese schräge Anheftung bildet die für den unteren Rand des Brustkastens charakteristische Form (vgl. Fig. 1005). Die untersten Rippen elf und zwölf endigen frei. Man nennt die Rippen acht bis zwölf die „falschen Rippen".

Die Rippen sind schräg nach vorne geneigt, d. h. ihr Ursprung an der Wirbelsäule liegt höher als ihre Endigung am Brustbein. Beim Atmen erweitern sich die Rippenringe vermöge ihrer Knorpel- und Gelenkbefestigung, am Brustbein findet ein Heben und Senken, unten eine seitliche Erweiterung statt.

Die Form des Brustkorbs gleicht einem abgeplatteten Zylinder mit seitlicher Wölbung. Hohe seitliche Wölbung, direkt unter dem Schlüsselbein heraustretend, ist das Zeichen eines gesunden, kräftigen Körperbaus. Die verhältnismäßig größere Breite zur Tiefe des Brustkorbs ist bei Erwachsenen größer als beim kindlichen Körper. Ebenso zeigt der weibliche Brustkorb als Hauptunterschied vom männlichen eine größere Wölbung nach vorne.

Durch das „Schnüren" wird dieser Effekt und gleichzeitig eine scheinbare Vergrößerung der Hüftenbreite künstlich hervorgerufen. (Vgl. Fig. 954: eine wenig geschnürte, leidlich normale, Fig. 1006: eine stark geschnürte weibliche Brust.)

Der Schultergürtel.

Der Schultergürtel wird gebildet von den beiden Schlüsselbeinen (b) und den Schulterblättern (c). Diese machen zusammen einen rechten und einen linken Halbring (Gürtel) um den oberen Teil des Brustkorbs. Die vorderen Teile dieses Halbringes, die Schlüsselbeine, sind, der Form des Brustkorbs folgend, S-förmig gebogen, entspringen am Brustbein und bilden mit ihm zusammen die Halsgruben (vgl. Fig. 1002). Sie berühren sich mit dem hinteren Teil des Halbrings, den Schulterblättern.

Die ▽-eckige, mit der Spitze nach unten gerichtete Form der Schulterblätter ist am Rücken deutlich sichtbar (Fig. 1007). An die nach außen gerichteten Gelenkflächen (d) heftet sich der Oberarm (O). Beim Hochheben des Armes bewegt sich gleichzeitig der Schultergürtel; die untere Spitze des Schulterblattes tritt seitwärts nach außen (Fig. 1007). Quer über die Fläche des Schulterblattes läuft die Schultergräte (e), eine erhöhte, knochige Linie, welche über die Gelenkfläche hinweg nach vorne umbiegt und sich mit den Schlüsselbeinen berührt. Diese Berührungsstelle heißt „Schulterhöhe“ (F).

Ein gesenkt getragener Schultergürtel läßt die Schultern niedrig und schmal, den Hals lang erscheinen; umgekehrt erscheinen bei einem hochgetragenen Schultergürtel die Schultern hoch und breit, der Hals kurz (untersetzte Figur). — Man beachte bei dem Schema Figur 1008 die verschiedene Stellung der Schulterblätter!

Der Zusammenhang des Schultergürtels mit dem Brustkorb ist ein äußerst loser, da er nur am Brustbein stattfindet. Das erklärt die bedeutend freiere Beweglichkeit der oberen Gliedmaßen gegenüber den unteren, die einen festen Zusammenhang mit dem Becken haben.

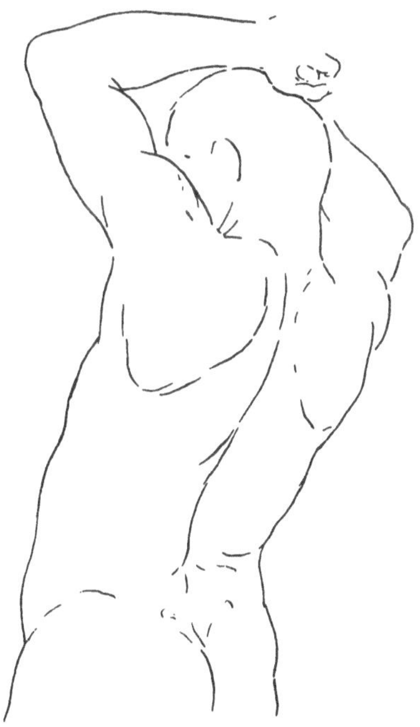

Fig. 1007.

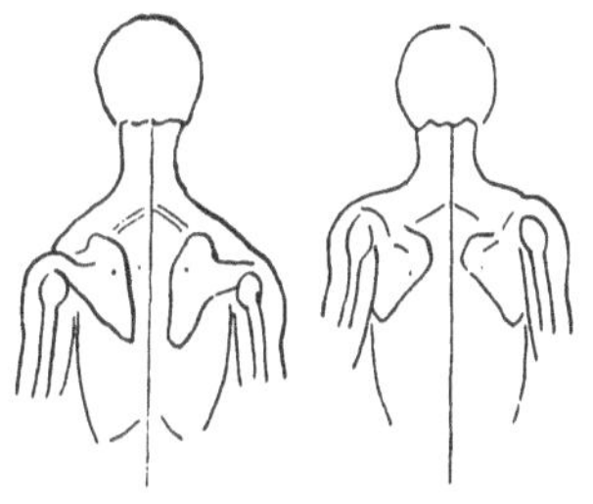

Fig. 1008.

Das Becken (Hüfte).

Das Becken (B) wird gebildet durch zwei symmetrisch halbkreisförmig gebogene Knochen, die Hüftbeine, die an der Seite des Kreuzbeins entspringen und sich mit ihren vorderen Enden unmittelbar berühren. Dasselbe stellt somit einen vollständig geschlossenen, an der Wirbelsäule unbeweglich befestigten Ring dar, der sich nach vorne stark abwärts neigt. Er trägt den Oberkörper und befestigt ihn mit den tragenden Stützen, den unteren Extremitäten (Beinen).

Die starke Neigung des Beckens nach vorne bei aufrechter Körperhaltung wird bedingt durch den Mechanismus der Beweglichkeit des Körpers (siehe „Bewegung des Körpers“).

Man unterscheidet am Becken:

a) die Darmbeinschaufeln, deren oberer an der Haut fühlbarer Rand „Kamm" genannt wird (B′) (s. Tafel LI),

b) die Sitzbeine (B″), den hinteren unteren Teil des Beckens bildend,

c) den Schoß (B‴), den vorderen unteren Teil des Beckens bildend.

Den Hauptunterschied zwischen dem männlichen und dem weiblichen Becken siehe Proportion.

Muskeln des Rumpfes.

(Hierzu Fig. 1001.)

Stammmuskulatur.

Ein breiter Sehnenstreifen (x) reicht vom unteren Ende des Brustbeins bis zum Schoß und teilt die vordere Seite des Rumpfes in eine rechte und eine linke Hälfte. — Diese Sehne dient mit dem Unterrande des Brustkorbs, den Lendenwirbeln und dem Oberrande des Beckens zur Anheftung der Bauchmuskeln.

Der gerade Bauchmuskel (I) liegt auf beiden Seiten der breiten Mittelsehne und hat oberhalb des Nabels zwei, am Nabel selbst die dritte Quersehne. — Beim Zusammenziehen des Muskels verdicken sich die drei Muskelabschnitte und treten zwischen den drei Quersehnen gewölbt hervor. Dies gibt die deutlich sichtbare Modellierung der Bauchoberfläche (Fig. 1009). Er beugt den Körper nach vorne.

Der schiefe Bauchmuskel (2) entspringt auf den unteren acht Rippen und endigt am Beckenrande. Seine Zacken vereinigen sich mit denen des Sägemuskels. Er beugt den Körper vorwärts und dreht ihn schief zur Seite (vgl. Fig. 998).

Die Rückgratstrecker (3) Aufrichter des Rumpfs) liegen zu beiden Seiten des Rückgrats vom Becken bis zum Schädel. Sie treten am Rücken in der Lendengegend als starke Wulste an beiden Seiten des Rückgrats (3a) und am Nacken als tiefe Nackenmuskeln (3b) hervor (Fig. 1010 3a und 3b). Sie ziehen die Rippen herab und strecken den Rücken.

Muskeln des Schultergürtels.

Die Bewegung des Schultergürtels verstärkt die Beweglichkeit des Arms (Hebung und Senkung). Für diese beiden Bewegungen dienen hauptsächlich die Muskeln des Schultergürtels.

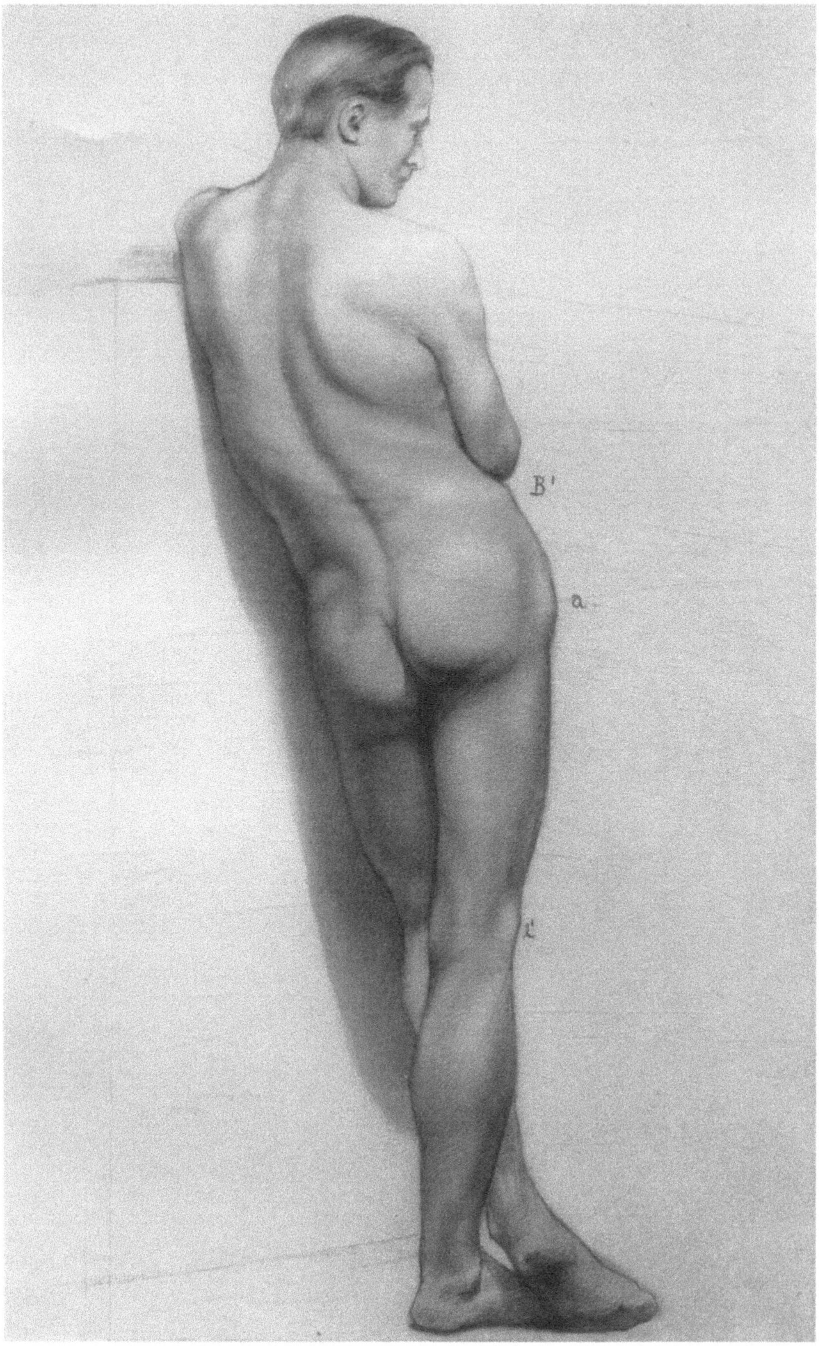

A. Möller: Junger Mann.

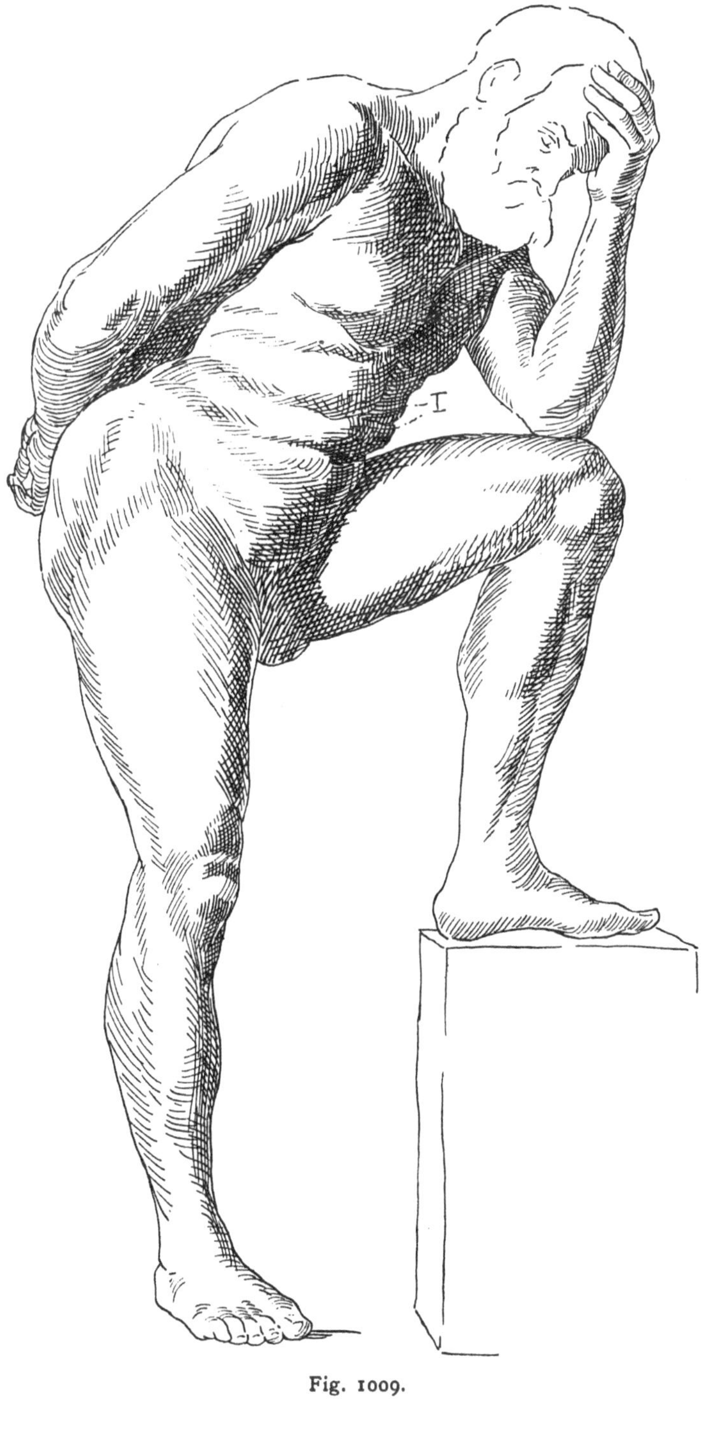

Fig. 1009.

Die *Hebung* des Schultergürtels besorgt der *Kappen- oder Kapuzenmuskel* (4). Seine sehnigen Ansätze am Rückgrat in der Gegend des 1. Brustwirbels (Fig. 1011 4a) und am Schulterkamm (Fig. 1011 4b) rufen eine sanfte Einziehung der Hautoberfläche hervor.

Die *Senkung der Schulter* wird durch den *breiten Rückenmuskel* (5) ausgeführt. Er geht unter dem Schultergelenk direkt zum Oberarm und bildet mit dem großen rundlichen Muskel die hintere Wand der Achselhöhle (5a, vgl. Fig. 1012).

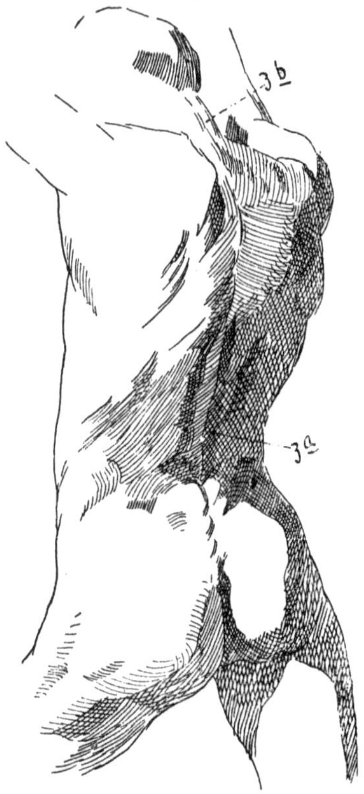

Fig. 1010.

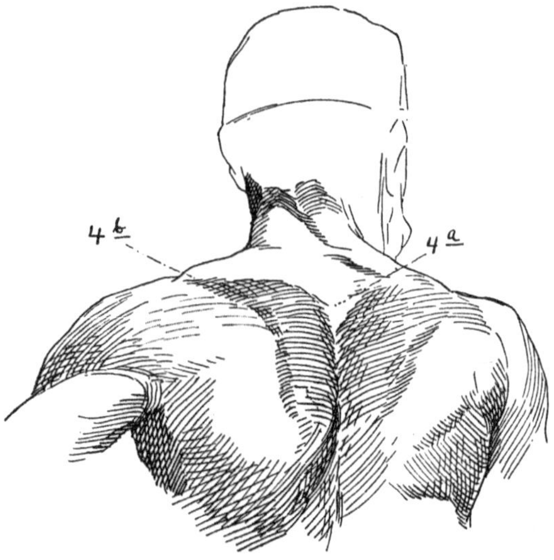

Fig. 1011.

Die *Vorwärtsziehung der Schulter* geschieht durch die Brustmuskeln (6). Der *große Brustmuskel* entspringt am Schlüsselbein, am Brustbein und der obersten Quersehne des geraden Bauchmuskels. Er ist an der Vorderfläche des Oberarms befestigt und bildet die vordere Wand der Achselhöhle (Fig. 1013).

Der *Sägemuskel* (7) dient zur Festlegung des Schulterblatts. Er ist in seinem unteren Teil am Körper sichtbar und bildet mit den Ursprüngen des schiefen Bauchmuskels die Form einer Säge (Fig. 1013).

Kolibri 360 GmbH
Ferdinand-Jühlke-Straße 7
99095 Erfurt, Deutschland
produktsicherheit@kolibri360.de